INSEKTEN

MICHAEL CHINERY

INSEKTEN

EINDRUCKSVOLLE NAHAUFNAHMEN FASZINIERENDER LEBEWESEN

Mit einem Vorwort von
ERNST WALDEMAR BAUER

Aus dem Englischen von
Jorunn Wissmann

GERSTENBERG VERLAG

INHALT

Vorwort von ERNST WALDEMAR BAUER

Insekten: ein großes Buch in jeder Hinsicht. Es handelt von den winzig kleinen Insekten – aber im Großformat. Augen, Fühler, Krallen liefern Bilder, die ihresgleichen suchen. Sie nehmen einen mit auf einen abenteuerlichen Spaziergang durch eine unglaubliche Formenfülle. Insektenaugen mit tausend Facetten starren den Betrachter an. Haare erinnern an Stacheln, und symmetrische Mundwerkzeuge mahnen zur Vorsicht. Unter dem Elektronenmikroskop werden faszinierende Strukturen, scheinbar unwirkliche Formen und Farben sichtbar.

»Vier Augen sehen mehr als zwei«, steht über dem Bild eines Taumelkäfers, und auf den nächsten Seiten kann der Betrachter, wenn er will, das Gruseln lernen. Riesige Facettenaugen und rote Einzelaugen starren ihn an. Wunderbar marmoriert die einen und scheinbar wie Teleskope ausgerichtete Sinnesorgane die anderen. Auch die schlichte Stubenfliege liefert fantastische Porträts, wenn man sie entsprechend vergrößert und ihre blauen Augen nicht übersieht.

Die Saugbeinchen einer Raupe, sechs auf einen Streich oder, ganz ins Detail gehend, ein einzelner Raupenfuß in bemerkenswerter Form und Farbe. Die Hausfliege klettert, wer weiß es nicht, mühelos auf glatten Glasfenstern herum. Wer ihre ins Ungeheure vergrößerten Füße betrachtet, versteht, wie das geht. Dass die Fühler einer Motte höchst sensibel sind, erkennt man unmittelbar. Wie die Verschaltung zahlloser unterschiedlicher Eindrücke in dem kleinen Gehirn funktioniert und wie diese verarbeitet werden, ist letztlich nicht nachvollziehbar.

Augen am Kopf und falsche Augen auf den Flügeln, Irrlichter gewissermaßen. Wen wundert's noch, wenn er so viele Bilder aus einer anderen, nur mit den Mitteln der Technik erschließbaren Welt betrachtet. Graugrün in grünem Pflanzenwerk sind diese Meister der Tarnung kaum zu entdecken.

Ein Kapitel für sich sind die Blattschneiderameisen, die bis hoch in die Bäume steigen, um Blätter in Stücke zu zerlegen und sie dann kopfüber stammabwärts in Richtung Bau zu tragen. Dort in der Tiefe des feuchten »Kellers« gedeihen auf der pflanzlichen Nahrung Pilze. Auf sie haben es die Ameisen abgesehen. Zu einer bemerkenswerten Differenzierung der Formen sind die Soldaten unter den Ameisen fähig. Gefährliche Waffen sind ihre gewaltigen Zangen. Die Treiberameisen jagen Tag für Tag. In langen Reihen marschieren sie wie Soldaten und folgen dabei Befehlen, die wir nicht hören, aber Ameisen sehr wohl riechen können.

Immer wieder fasziniert die Fürsorge und Vorsorge mancher Arten für ihren Nachwuchs. Von Grausamkeit darf man nicht reden, wo es kein Gefühl dafür gibt; gelähmte Raupen gehören zum Leben mancher Ameisen. Der Ameisenlöwe lauert mit langen Zangen im Sand. Nicht, dass eine Insektenart die andere verschonen würde. Wenn es ums Fressen geht, gilt kein Pardon. Tarnung gibt es vielen Formen. Aufregend wird es, wenn, wie bei den Glasflüglern, Durchsichtigkeit diesem Zweck dient.

Ein eigenes Kapitel sind Insektenbauten aus Ton oder aus Sand. Auch die Gallen der Wirtspflanzen oder die Betonbauten der Kompasstermiten, alle, auch die papierenen Hüllen – vor allem die Nester der Wespen mit ihrer architektonischen Ästhetik – sind bemerkenswert stabile Werke und überdies Kunst aus einer anderen Welt.

EINFÜHRUNG

Ein kleiner Junge saß mit seiner Mutter im Bus. Plötzlich fragte er sie, wer eigentlich die Fliegen mache, die über die Fensterscheiben krabbelten. Sie antwortete, Gott habe sie erschaffen, worauf der Kleine erwiderte, es sei bestimmt ganz schön knifflig, eine Fliege zu bauen! Obwohl er sicher nichts über die Anatomie von Fliegen wusste, war das klug beobachtet. Selbst die allerkleinste Fliege ist ein hochkomplexes Lebewesen. Sie hat Beine und Flügel, um sich fortzubewegen, ein Verdauungssystem, um Nahrung zu verarbeiten, Muskeln, Nerven und auch ein Gehirn, um alles zu steuern, und natürlich Fortpflanzungsorgane, um noch mehr Fliegen ihrer Art hervorzubringen – in der Tat eine echte Herausforderung für einen Konstrukteur. Wie durch Zauberkraft sorgt die DNA-Doppelhelix dafür, dass sich die Eier einer Stubenfliege wiederum zu Stubenfliegen entwickeln und nicht zu Schmeißfliegen. Die DNA ist der chemische Stoff, aus dem die Gene gemacht sind, die in jeder Körperzelle stecken und sicherstellen, dass sich jedes auch noch so kleine oder komplizierte Merkmal in arttypischer Weise entwickelt.

Jede Tier- oder Pflanzenart hat ihre eigene DNA, die dafür sorgt, dass alle Angehörigen dieser Spezies artgemäß gebaut sind und sich auch so verhalten. Dennoch besitzen die Individuen einer Art nicht alle exakt das gleiche Genmaterial. Nachkommen erhalten von beiden Eltern je einen Gensatz; diese Gene bilden unterschiedliche Kombinationen, die bei den Nachkommen geringe Abweichungen erzeugen. Bei Insekten sind das Eigenschaften wie Augenfarbe oder Flügellänge, bessere Widerstandskraft gegen Kälte, bessere Tarnung oder höhere Attraktivität für Sexualpartner. Die Veränderungen von einer Generation zur nächsten sind meist sehr gering; bieten sie aber auch

nur den kleinsten Vorteil, werden sie höchstwahrscheinlich an spätere Generationen weitergegeben. Über Millionen von Jahren und Generationen hinweg summieren sie sich oft zu großen Unterschieden. Darauf beruht die Evolution, die die ungeheure Vielfalt der Pflanzen und Tiere um uns herum entstehen ließ.

Insekten zeigen eine besonders große Vielfalt: Es gibt rund eine Million bekannte (und wahrscheinlich noch mehr bislang unbekannte) Arten, die so gut wie jeden denkbaren Lebensraum der Erde bewohnen; nur wenige sind allerdings ins offene Meer vorgedrungen. Praktisch jedes pflanzliche oder tierische Material wird von irgendeinem Insekt gefressen, entsprechend viele Methoden der Nahrungssuche und -aufnahme haben die Insekten entwickelt. Sie können sich auf unterschiedlichste Art fortbewegen und setzen viele verschiedene Strategien ein, um ihren Feinden zu entkommen. Viele errichten komplizierte Nester, und die meisten durchlaufen während ihrer Entwicklung faszinierende Verwandlungen.

Die teilweise bei extremer Vergrößerung aufgenommenen Fotos in diesem Buch zeigen nicht nur den unglaublich komplexen Körperbau der Insekten, sondern geben auch einen Eindruck von ihrem faszinierenden Verhalten, das ebenso artspezifisch ist wie ihr Äußeres und genauso viel zu ihrem evolutionären Erfolg beigetragen hat.

MICHAEL CHINERY

INSEKTEN IM ÜBERBLICK

Insekten sind wirbellose Tiere und gehören zur großen Gruppe der Arthropoden (Gliederfüßer). Alle Arthropoden haben Gliedmaßen mit Gelenken, und ihre Körper bestehen aus mehreren Ringen oder Segmenten, die jedoch nicht immer sichtbar sind. Auch Spinnen, Skorpione, Hundertfüßer, Garnelen und Asseln sind Arthropoden, doch unterscheiden sich die meisten erwachsenen oder adulten Insekten (Imagines) insofern von den anderen Gruppen, als ihr Körper drei Abschnitte aufweist: Kopf, Brust (Thorax) und Hinterleib (Abdomen). Zudem tragen sie am Kopf zwei Fühler (Antennen) und am Thorax drei Beinpaare. Die meisten adulten Insekten haben zwei oder vier Flügel, die ebenfalls am Thorax sitzen. Keine andere Gruppe von Wirbellosen besitzt Flügel.

Es gibt weltweit über eine Million Insektenarten, die Entomologen (Insektenkundler) in rund 30 größeren Gruppen, sogenannten Ordnungen, zusammenfassen. Doch die Klassifikation ist keine exakte Wissenschaft, und die Entomologen sind sich in der Einteilung der Insekten keineswegs einig. Die einen erachten die Unterschiede zwischen zwei Insektengruppen für zu gering, um sie verschiedenen Ordnungen zuzurechnen, die anderen hingegen tun dies, weil die Unterschiede in ihren Augen groß genug sind. Daher führen Fachleute nicht immer dieselbe Anzahl von Ordnungen auf. Zur Lösung des Problems werden vielleicht neue biochemische Verfahren zur DNA-Analyse beitragen.

Die folgenden Abschnitte geben jeweils kurze Beschreibungen der allgemein akzeptierten Insektenordnungen, mit Ausnahme der beiden kleinen, wenig bekannten Gruppen Zoraptera und Grylloblattodea.

Fischchen und Felsenspringer: Ordnung Thysanura

Einige Arten dieser Gruppe werden bis zu 2 cm lang, doch die meisten sind deutlich kleiner. Alle sind flügellos und haben drei lange, dünne Schwanzanhänge am Hinterende. Diese sind mit starren Borsten besetzt; daher nennt man die Ordnung auch »Borstenschwänze«. Ihr Körper ist mit schimmernden Schuppen bedeckt, die sich leicht ablösen, wie jeder weiß, der je ein Silberfischchen zu fassen versucht hat. Silberfischchen, Ofenfischchen und viele andere Borstenschwänze leben weltweit in Häusern, wo sie sich von stärkehaltigem Material ernähren und oft Bücher und Papiere beschädigen. Die meisten der rund 600 bekannten Arten aber sind am Waldboden oder am Strand zu finden, einige auch in Ameisennestern; sie leben von tierischen und pflanzlichen Überresten. Die Borstenschwänze durchlaufen keine Metamorphose; die Jugendformen sind kleine Versionen der Imagines, in frühen Stadien allerdings noch ohne Schuppen. Die Tiere werden oft vier bis fünf Jahre alt, erstaunlich alt für so kleine Geschöpfe.

Silberfischchen: Ordnung Thysanura

Eintagsfliegen: Ordnung Ephemeroptera

Eintagsfliegen: Ordnung Ephemeroptera

Diese zarten Insekten haben zwei oder vier hauchdünne Flügel und zwei bis drei lange Schwanzanhänge. Die Hinterflügel sind, wenn vorhanden, deutlich kleiner als das vordere Flügelpaar; in Ruhe falten die Tiere ihre Flügel meist aufrecht zusammen. Die winzigen Fühler sind kaum erkennbar. Eintagsfliegen leben bis zur Geschlechtsreife – die manche Arten erst mit drei Jahren erreichen – im Wasser. Adulte Tiere sind schlechte Flieger und leben nur ein bis zwei Tage. Sie besitzen keine funktionsfähigen Mundwerkzeuge und nehmen keine Nahrung auf, und sie entfernen sich kaum von ihren angestammten Gewässern. Es gibt rund 2000 bekannte Arten.

Libellen: Ordnung Odonata

Libellen: Ordnung Odonata

Diese schlanken, räuberischen Insekten haben vier relativ starre Flügel, extrem große Augen mit manchmal Tausenden von Einzelaugen und winzige, borstenartige Fühler. Großlibellen fliegen mit hoher Geschwindigkeit durch die Luft und fangen kleinere Insekten im Flug. Auch in Ruhe stehen ihre Flügel seitlich vom Körper ab, während Kleinlibellen ihre Flügel dann über dem Körper zusammenfalten. Kleinlibellen fliegen meist langsamer als Großlibellen und fangen ihre Beute an Pflanzen. Libellenlarven leben stets in stehenden oder langsam fließenden Gewässern. Adulte Kleinlibellen halten sich meist in Wassernähe auf; Großlibellen dagegen sind gute Flieger und fast überall anzutreffen. Man zählt derzeit rund 5000 Arten.

Steinfliegen: Ordnung Plecoptera

Steinfliegen: Ordnung Plecoptera

Steinfliegen sind meist schwarz, braun, manchmal auch gelb gefärbt. Ruhende Tiere sind sehr unauffällig, sie falten ihre vier zarten Flügel flach zusammen oder schlagen sie um den Körper. Als schlechte Flieger entfernen sie sich kaum von ihren Brutgewässern. Die meisten der etwa 3000 bekannten Arten entwickeln sich in sauberen, schnell fließenden Bächen und Flüssen. Die bis 5 cm langen Imagines fressen Pollen oder Algen an Steinen und Uferpflanzen; viele nehmen gar keine Nahrung auf.

Heuschrecken: Ordnung Orthoptera

Schrecken: Ordnung Orthoptera

Die Ordnung umfasst etwa 20 000 Heuschrecken- und Grillenarten. Das hintere Beinpaar sind meist kräftige Sprungbeine. Schrecken haben normalerweise zwei Flügelpaare: kräftige, ledrige Vorderflügel und häutige Hinterflügel. Manchen Arten fehlen die Hinterflügel, andere sind ganz flügellos. Die Flügel liegen in Ruhe flach am Körper. Heuschrecken haben kurze, kräftige Fühler, bei Grillen sind diese dünn und meist deutlich länger als der Körper. Heuschrecken (darunter die gefürchteten Wanderheuschrecken) sind durchweg Pflanzenfresser, Grillen dagegen oft Alles- oder Fleischfresser. Bei den meisten Arten »singen« die Männchen, indem sie einen Körperteil an einem anderen reiben; so locken sie Partnerinnen an und vertreiben Rivalen. Jede Art hat ihren typischen »Gesang«.

Gespenstschrecken: Ordnung Phasmida

Die meisten dieser vornehmlich tropischen Insekten sehen Zweigen oder Blättern verblüffend ähnlich. Alle rund 2500 Arten sind Pflanzenfresser; die größten werden bis zu 30 cm lang. Viele sind flügellos, andere haben gut entwickelte, zarte Hinterflügel. Die Vorderflügel sind, wenn vorhanden, kaum mehr als kleine Chitinklappen. Parthenogenese (Jungfernzeugung) ist verbreitet; bei manchen Arten sind Männchen sehr selten oder fehlen ganz.

Gespenstschrecken: Ordnung Phasmida

Ohrwürmer: Ordnung Dermaptera

Die meist braun oder schwarz gefärbten Ohrwürmer werden nicht länger als etwa 5 cm; typisches Merkmal ist das Zangenpaar am Hinterleib. Von den etwa 1200 bekannten Arten haben die meisten kurze, derbe Vorderflügel und fein gefältelte, häutige Hinterflügel; einige haben keine Hinterflügel oder sind ganz flügellos. Ohrwürmer sind fast durchweg Allesfresser und in verschiedensten Lebensräumen zu Hause. Die Jugendstadien gleichen adulten Tieren, haben aber keine Flügel und dünne Zangen.

Ohrwürmer: Ordnung Dermaptera

Termiten: Ordnung Isoptera

Alle Termiten sind sozial lebende Insekten und bilden Kolonien von wenigen hundert bis mehreren Millionen Individuen. Mit den anderen sozialen Insekten – den Bienen, Wespen und Ameisen der Ordnung Hymenoptera (siehe Seite 17) – sind sie nicht näher verwandt. Die meisten der etwa 2250 Arten leben in tropischen Regionen und bauen oft riesige, komplizierte Nester (siehe Seite 264). Viele Termiten fressen Gräser und Samen, die meisten jedoch Holz, daher richten die Tiere an Gebäuden oft immense Schäden an. Wie bei den anderen sozial lebenden Insekten gibt es drei oder mehr unterschiedliche »Kasten«. Termiten werden nur selten größer als 2 cm, doch die langlebigen Königinnen, deren weiche Körper prall mit Eiern gefüllt sind, erreichen Längen von bis zu 15 cm. Im Gegensatz zu den sozialen Hymenoptera sind unter den Arbeitern der Termiten etwa ebenso viele Männchen wie Weibchen, und jeder Staat hat einen König, der sich immer wieder mit der Königin paart. Neben den Arbeitern, die das Nest bauen, Nahrung suchen und Arbeiten im Nest erledigen, gibt es zahlreiche Soldaten, die die Kolonie mit ihren kräftigen Kiefern verteidigen. Nur die Königinnen und Könige haben Flügel, und auch dies nur kurze Zeit: Nach dem Hochzeitsflug werfen sie die schwachen Flügel ab und gründen neue Kolonien.

Termiten: Ordnung Isoptera

Schaben und Fangschrecken: Ordnung Dictyoptera

Schaben und Fangschrecken werden oft unterschiedlichen Ordnungen (Blattodea bzw. Mantodea) zugeordnet. Schaben sind langbeinige Allesfresser mit abgeplattetem Körper sowie meist ledrigen Deck- und häutigen Hinterflügeln; etliche Arten sind flügellos. Die meisten der rund 3500 bekannten Schabenarten leben in warmen Regionen im Freien; einige sind jedoch weltweit verbreitete Schädlinge in beheizten Gebäuden. Die größten Arten werden bis 6 cm lang. Fangschrecken (»Gottesanbeterinnen«) sind räuberisch; sie haben einen langen Hals und fangeisenähnliche, gezähnte Vorderbeine, ähneln im Körperbau aber ansonsten den Schaben. Sie werden bis 15 cm lang und zählen etwa 1800 Arten.

Schaben: Ordnung Dictyoptera

Staub- und Rindenläuse: Ordnung Psocoptera

Staub- und Rindenläuse: Ordnung Psocoptera

Diese weichen, auch Holzläuse genannten Insekten werden kaum größer als 5 mm. Die meisten der rund 1800 bekannten Arten haben vier zarte Flügel, etliche sind jedoch flügellos. Alle besitzen einen relativ großen Kopf, lange Fühler und kauende Mundwerkzeuge. Einige flügellose Arten leben im Haus, wo sie sich vor allem von Schimmelspuren auf selten bewegten Büchern und Papieren ernähren (»Bücherläuse«). Im Freiland lebende Arten (»Rindenläuse«) fressen Pilze, Pilzsporen und Pollen sowie an Baumstämmen wachsende Algen.

Tarsenspinner: Ordnung Embioptera

Tarsenspinner: Ordnung Embioptera

Diese wenig bekannten Insekten leben in der Erde oder an Baumstämmen in schlauchförmigen Wohngespinsten, die sie mit Spinndrüsen an ihren verdickten Vorderbeinen fertigen. Weniger als 200 Arten sind bekannt, die sämtlich in wärmeren Regionen leben. Die zylindrisch geformten, bis 12 mm langen Tiere laufen in ihren Gängen ebenso leicht vorwärts wie rückwärts. Bei manchen Arten haben die Männchen zwei Paar feine, behaarte Flügel; Weibchen sind stets flügellos. Tarsenspinner leben oft in lockerer Gemeinschaft, doch obwohl die Weibchen Brutpflege betreiben, kooperieren die Tiere nicht und leben auch nicht sozial. Hauptnahrung sind zerfallende Pflanzenreste.

Tierläuse: Ordnungen Mallophaga und Anoplura

Tierläuse: Ordnungen Mallophaga und Anoplura

Diese winzigen, abgeplatteten, flügellosen Insekten sind meist weniger als 5 mm lang. Alle sind Ektoparasiten bei Vögeln oder Säugetieren und klammern sich mit kräftigen Klauen an ihren Wirt. Da Flügel fehlen, unterscheiden sich Larven und Imagines nur in der Größe. Manchmal werden beide Ordnungen als Phthiraptera zusammengefasst, doch klare Unterschiede in der Anatomie legen nahe, dass sie nicht sehr eng verwandt sind. Die Mallophaga (Haar- und Federlinge) haben kauende Mundwerkzeuge; die meisten der rund 3000 bekannten Arten sind Vogelparasiten. Ihr Kopf ist fast so breit wie der Körper, und sie fressen vor allem Haut- und Federschuppen. Die Anoplura (Echte Läuse) parasitieren nur an Säugern, auch dem Menschen. Ihr Kopf ist schmal; mit ihren stechend-saugenden Mundwerkzeugen saugen sie an ihren Wirten Blut. Es sind etwa 500 Arten bekannt.

Wanzen: Ordnung Hemiptera

Schnabelkerfe: Ordnung Hemiptera

Diese große Ordnung umfasst die unterschiedlichsten geflügelten und flügellosen Insekten, die nur ein Merkmal gemeinsam haben: den nadelähnlichen Rüssel, mit dem sie Pflanzen- oder Körpersäfte saugen. Man kennt rund 80 000 Arten, darunter viele wichtige Nutzpflanzenschädlinge. Ihre Länge reicht von unter 1 mm bis zu 13 cm; manche Zikaden haben Flügelspannweiten von 20 cm. Viele Entomologen sehen in den sehr unterschiedlichen Unterordnungen Heteroptera (Wanzen) und Homoptera (Pflanzensauger) eigenständige Ordnungen. Bei den Wanzen sind die Vorderflügel – wenn vorhanden – verdickt oder ledrig, jedoch stets mit häutiger Spitze. Sie werden meist flach angelegt, wobei sie in der Mitte überlappen und die häutigen Hinterflügel bedecken. In dieser Unterordnung findet man Pflanzenfresser und Räuber sowie sämtliche aquatisch lebenden Schnabelkerfe. Die ebenfalls nicht immer vorhandenen Vorderflügel der Pflanzensauger sind entweder starr oder häutig, aber immer einheitlich beschaffen. Die Flügel werden dachartig über den Körper gelegt. Alle Arten dieser Unterordnung, die Zikaden, aber auch Blatt- und Schildläuse umfasst, sind Pflanzenfresser und manchmal gefürchtete Schädlinge.

Pflanzensauger: Ordnung Hemiptera

Fransenflügler: Ordnung Thysanoptera

Die winzigen Fransenflügler oder Thripse sind walzenförmige, dunkel gefärbte Insekten und werden kaum länger als 3 mm; nur einige tropische Arten erreichen 14 mm. Die vier Flügel tragen zahlreiche Fransen und erinnern an kleine Federn; etliche Arten sind jedoch flügellos. Die meisten der ungefähr 5000 bekannten Arten leben vegetarisch: Sie bohren ihre Mundwerkzeuge in Blätter und Blütenblätter, um deren Saft zu saugen. Viele Arten sind gefürchtete Schädlinge. Thripse werden oft »Gewittertierchen« oder »Gewitterfliegen« genannt, weil sie bei schwülem, drückendem Wetter in Massen umherfliegen. Oft überwintern sie in großer Zahl in Häusern, etwa unter losen Tapeten oder gar in Bilderrahmen.

Fransenflügler: Ordnung Thysanoptera

Netzflügler: Ordnung Neuroptera

Diese oft braun oder grün gefärbten, ungepanzerten Insekten verdanken ihren Namen dem Adernetz, das bei den meisten der rund 5500 bekannten Arten die Flügel durchzieht. Die größten Vertreter erreichen Längen von 7,5 cm und Flügelspannweiten von bis zu 17 cm. In Ruhe legen sie die Flügel dachartig auf dem Rücken zusammen. Adulte wie Jugendstadien erbeuten vor allem andere Insekten, insbesondere Blattläuse. Die Larven der Ameisenjungfern werden wegen ihrer räuberischen Lebensweise Ameisenlöwen genannt (siehe Seite 135). Die schnellen Schmetterlingshafte fangen ihre Beute wie Libellen im Flug. Die Larven mehrerer Netzflüglerarten entwickeln sich in Süßgewässern.

Netzflügler: Ordnung Neuroptera

Kamelhalsfliegen: Ordnung Raphidioptera

Die Ordnung verdankt ihren Namen dem langen »Hals«, auf dem bei den etwa 100 bekannten Arten der Kopf sitzt. Die Tiere sind selten länger als 2 cm und leben in allen Entwicklungsstadien räuberisch. Zählte man die Kamelhalsfliegen früher zu den Netzflüglern, sehen die meisten Entomologen in ihnen heute eine eigenständige Ordnung.

Kamelhalsfliegen: Ordnung Raphidioptera

Schlammfliegen: Ordnung Megaloptera

Schlammfliegen und Großflügler: Ordnung Megaloptera

Diese Insekten ähneln den Netzflüglern und wurden früher mit diesen in der Ordnung Neuroptera zusammengefasst. Ihre Flügel haben jedoch weniger Adern, und diese verzweigen sich kaum. Großflügler werden bis zu 10 cm lang und erreichen Flügelspannweiten von 15 cm; Schlammfliegen sind deutlich kleiner. Sie alle sind schlechte Flieger. Zwar haben manche Großflügler große Kiefer, doch fressen adulte Tiere höchstens Pollen oder Algen; viele nehmen gar keine Nahrung auf. Alle etwa 300 bekannten Arten entwickeln sich im Wasser, wo die Larven verschiedenste andere Wasserlebewesen erbeuten.

Schnabelfliegen: Ordnung Mecoptera

Schnabelfliegen: Ordnung Mecoptera

Alle Insekten dieser Ordnung haben einen kräftigen, oft orange gefärbten »Schnabel« mit Kauwerkzeugen an der Spitze. Die Männchen der Skorpionsfliegen (Panorpidae) tragen den verdickten Hinterleib aufgestellt wie ein Skorpion, sind aber harmlos. Bei den Weibchen verjüngt sich der Hinterleib. Beide Flügelpaare sind bei den Schnabelfliegen meist recht lang, schmal und braun gefleckt. Die meisten Arten sind Allesfresser und haben eine Vorliebe für tote Insekten (siehe Seite 134). Die Mehrheit der rund 400 bekannten Arten lebt in kühleren Regionen der Nordhalbkugel.

Käfer: Ordnung Coleoptera

Käfer: Ordnung Coleoptera

Käfer sind leicht als solche zu erkennen, denn fast alle haben kräftige Deckflügel (Elytren), die meist den Hinterleib bedecken und in der Mitte zusammenstoßen, ohne – wie bei den Wanzen (siehe Seite 13) – zu überlappen. Die zarten Hinterflügel verschwinden fast immer ganz unter den Deckflügeln; einigen Arten fehlen jedoch die Hinterflügel, und manche Käfer, etwa Leuchtkäferweibchen, sind ganz flügellos. Alle Käfer haben kauende Mundwerkzeuge, und praktisch jedes organische Material wird von zumindest einigen Käfern gefressen. Mit derzeit etwa 370 000 bekannten Arten bilden sie die bei weitem größte Insektenordnung. Manche Vertreter dieser sehr vielfältigen Gruppe werden bis zu 20 cm lang. Der fast faustgroße Goliathkäfer ist mit bis zu 100 g das schwerste bekannte Insekt; andererseits gibt es Käferarten, die mit weniger als 0,5 mm Länge Anspruch auf den Titel »kleinstes Insekt« erheben können.

Zweiflügler: Ordnung Diptera

Zweiflügler: Ordnung Diptera

Zu den Zweiflüglern gehören die Fliegen und die Mücken. Sie haben nur ein Paar häutiger Flügel, die sie in Ruhe flach oder dachartig über den Körper legen. Einige Fliegen, meist parasitisch lebende Arten, sind flügellos. Es gibt rund 100 000 bekannte Arten, von winzigen, 0,5 mm kleinen Gnitzen bis hin zu stelzbeinigen Schnaken, dicken Schmeißfliegen und farbenprächtigen Schwebfliegen. Die größten Arten erreichen etwa 5 cm Länge und Spannweiten von bis zu 8 cm. Alle Zweiflügler ernähren sich von Flüssigkeiten. Viele, darunter die lästigen Stechmücken und Tsetsefliegen, saugen Blut mit stechend-saugenden Mundwerkzeugen, die an Injektionsspritzen erinnern.

Flöhe: Ordnung Siphonaptera

Flöhe sind flügellose, blutsaugende Parasiten der Vögel und Säugetiere. Sie sind weitaus aktiver als Läuse (siehe Seite 13) und können sich dank ihres seitlich abgeplatteten Körpers im Fell oder Gefieder ihrer Wirte gut bewegen. Kräftige Klauen und rückwärts gerichtete Kämme verleihen ihnen bei Bedarf sicheren Halt, und mit ihren langen, kräftigen Hinterbeinen können sie auf neue Wirte überspringen. Derzeit sind rund 2000 Arten bekannt; die größte wird etwa 1 cm lang.

Flöhe: Ordnung Siphonaptera

Köcherfliegen: Ordnung Trichoptera

Köcherfliegen sind meist bräunliche, nachtfalterähnliche Insekten, deren vier zarte Flügel jedoch keine Schuppen (siehe unten), sondern Härchen tragen. Die Flügel werden in Ruhe dachartig über dem Körper gefaltet, die Fühler nach vorn getragen. Die zumeist schlechten Flieger sind vor allem abends und nachts aktiv. Es gibt etwa 5000 Arten dieser 1,5–3,5 cm langen Insekten. Mit den schwach ausgebildeten Mundwerkzeugen lecken die Tiere höchstens etwas Nektar von Uferpflanzen; viele nehmen keinerlei Nahrung auf. Die Larven praktisch aller Köcherfliegen entwickeln sich in Gewässern und bauen sich meist typische Gehäuse oder »Köcher« aus Pflanzenteilen oder Sand.

Köcherfliegen: Ordnung Trichoptera

Schmetterlinge: Ordnung Lepidoptera

Zu dieser Ordnung gehören besonders auffällige Insekten, die jeder kennt. Schmetterlinge haben normalerweise vier häutige Flügel, die mit farbigen, wie Dachziegel überlappenden winzigen Schuppen besetzt sind (siehe Seite 57). Einige Augenspinner und Vogelflügler erreichen, obwohl ihr Körper relativ klein ist, Flügelspannweiten von etwa 30 cm – mehr als jedes andere Insekt. Andererseits gibt es Nachtfalter mit einer Spannweite von nur 3 mm. Man zählt annähernd 200 000 Arten, davon nur rund 2000 Tagfalter. Nach ihrer Hauptaktivitätszeit unterscheidet man Tag- und Nachtfalter. Die Fühler von Tagfaltern haben meist keulenförmige Enden, die der Nachtfalter sind fast immer gefiedert oder tragen Härchen. Tagfalter halten ihre Flügel in Ruhe senkrecht zusammengeklappt, so dass nur die Unterseiten zu sehen sind, während Nachtfalter die Flügel meist flach oder dachartig anlegen und dabei die Oberseite zeigen. Es gibt jedoch zahlreiche Ausnahmen von diesen Regeln, und die Unterteilung in Tag- und Nachtfalter folgt nur praktischen Gesichtspunkten, ohne dass sich beide in einem bestimmten Merkmal durchweg unterscheiden würden. Die meisten Schmetterlinge nehmen mit ihren Mundwerkzeugen – einem langen Saugrüssel – Nektar auf. Einige kleinere Arten verzehren Pollen; viele Nachtfalter nehmen als Imagines keinerlei Nahrung zu sich. Die Jugendstadien (Raupen) haben kauende Mundwerkzeuge und fressen fast sämtlich an oder in Pflanzen.

Tagfalter: Ordnung Lepidoptera

Nachtfalter: Ordnung Lepidoptera

Hautflügler: Ordnung Hymenoptera

Mit über 120 000 Arten sind die Hautflügler eine der vielfältigsten Insektenordnungen. Sie umfasst winzige, bis 0,2 mm große Zwergwespen, die in den Eiern anderer Insekten parasitieren, aber auch furchteinflößende Wespen und Pflanzenwespen von über 5 cm Länge. Ebenso vielfältig sind die Lebensweisen; man findet Pflanzen- und Fleischfresser, Parasiten und Gallbildner sowie etliche sozial lebende Insekten, darunter die Ameisen und zahllose Bienen und Wespen. Die Tiere haben meist vier häutige Flügel (Arbeiterameisen sind stets flügellos), doch sind die Hinterflügel oft sehr klein und schwer zu erkennen. Da die Flügel nur von relativ wenigen Adern durchzogen sind, sind die dazwischenliegenden Zellen und Felder ziemlich groß. Außer den Pflanzenwespen haben alle eine schmale »Wespentaille«. Die kauenden Mundwerkzeuge dienen neben der Nahrungsaufnahme oft dem Nestbau; Bienen haben zudem eine röhrenförmige »Zunge«, um Nektar zu saugen. Viele Bienen, Wespen und auch Ameisen besitzen Stachel zur Verteidigung oder um Beute zu lähmen (siehe Seite 54).

Bienen: Ordnung Hymenoptera

Pflanzenwespen: Ordnung Hymenoptera

Schlupfwespen: Ordnung Hymenoptera

AUS NÄCHSTER NÄHE

Unter dem Mikroskop kann man selbst beim einfachsten Insekt eine Fülle faszinierender Strukturen entdecken. Der Flügel eines Schmetterlings etwa wirkt mit bloßem Auge betrachtet glatt, doch schon bei geringer Vergrößerung zeigt sich ein kompliziertes, oft sehr farbenfrohes Muster aus überlappenden Schuppen. Bei stärkerer Vergrößerung werden die einzelnen Schuppen mit ihren komplex gestalteten Oberflächen erkennbar. In jedem Körperteil eines Insekts können überraschende Eigenschaften verborgen sein. Vieles, was der Mensch erfunden zu haben meint, wird im Insektenreich schon seit Urzeiten gebraucht. Etliche Nachtfalter und Pflanzenwespen halten beispielsweise ihre Flügel in Ruhe mit einer Art Klettverschluss zusammen, und viele andere Insekten benutzen winzige Saugnäpfe, um sich auf glatten Blättern und ähnlichen Oberflächen, sogar auch Fensterscheiben, fortzubewegen.

Viele Bilder auf den folgenden Seiten wurden mit dem Rasterelektronenmikroskop (REM) gemacht, das statt mit Licht mit Elektronen arbeitet. So lassen sich Vergrößerungen um mehr als das 200 000-Fache erreichen, die faszinierende Einblicke in den Bau der Insekten geben.

Mehrere magnetische »Linsen« bündeln einen von einer Elektronenquelle ausgehenden Strom von Elektronen zu einem dichten Strahl, der das Objekt nach und nach abtastet. Dabei wird ein Teil der Elektronen reflektiert; andere lösen sich aus dem Objekt. Beide werden elektronisch erfasst und gezählt. Das eigentliche Bild setzt sich aus den in jedem Rasterabschnitt des Objekts erfassten Elektronen zusammen. Da das REM mit einer viel größeren Tiefenschärfe arbeitet als das Lichtmikroskop, erhält man ein enorm detailgetreues und realistisches, dreidimensionales Bild von der Oberfläche des Objekts.

Elektronen sind unvorstellbar kleine Teilchen, die sich schon von Luftmolekülen ablenken lassen; daher muss das Abtasten des Objekts im Vakuum erfolgen. Lebende Insekten können aus diesem Grund nicht untersucht werden. Die Objekte müssen sorgfältig getrocknet werden, damit sie nicht einschrumpfen und die Darstellung verfälschen. Das Rasterelektronenmikroskop liefert monochrome Bilder, doch lässt sich später am Computer jede beliebige Farbe einfügen.

Wir kennen bei weitem noch nicht alle Funktionen der ausgefeilten Strukturen, die leistungsstarke Mikroskope für uns sichtbar machen. So oder so versetzt uns der komplizierte Bau des Insektenkörpers in Erstaunen – und das schon bei rein äußerlicher Betrachtung. Sein Inneres ist zweifellos von noch größerer Komplexität.

Bis ins kleinste Detail

DER FÜHLER EINES SPRINGSCHWANZES, bei 2000-facher Vergrößerung unter dem Rasterelektronenmikroskop aufgenommen. Deutlich erkennbar sind ein Gelenk sowie winzige Härchen, die den Fühler bedecken und verschiedenste chemische und taktile Reize registrieren. Das Bild zeigt auch die erstaunlich feine Oberflächenstruktur, deren Funktion noch im Dunkeln liegt. Die flügellosen Springschwänze galten früher als primitive Insekten; heute sehen die meisten Entomologen in ihnen eine eigenständige Gruppe von Arthropoden.

Plastische Darstellung

DIESE AUFNAHME VON DER KOPFUNTERSEITE EINER SEIDENRAUPE *(Bombyx mori)* bei etwa 50-facher Vergrößerung ist ein schönes Beispiel für die erstaunlich dreidimensionalen Bilder, die das Rasterelektronenmikroskop liefert. In der Kopfmitte sitzen die dunkleren Mundwerkzeuge, rechts und links davon die winzigen Fühler, jeweils in einer kleinen Grube. Auf beiden Seiten erkennt man mehrere Einzelaugen (Stemmata), und direkt unterhalb des Kopfes sind zwei Beinpaare zu sehen. Die den gesamten Körper bedeckenden Borsten registrieren Berührungen und informieren die Raupe auch über die Position ihrer Körperteile.

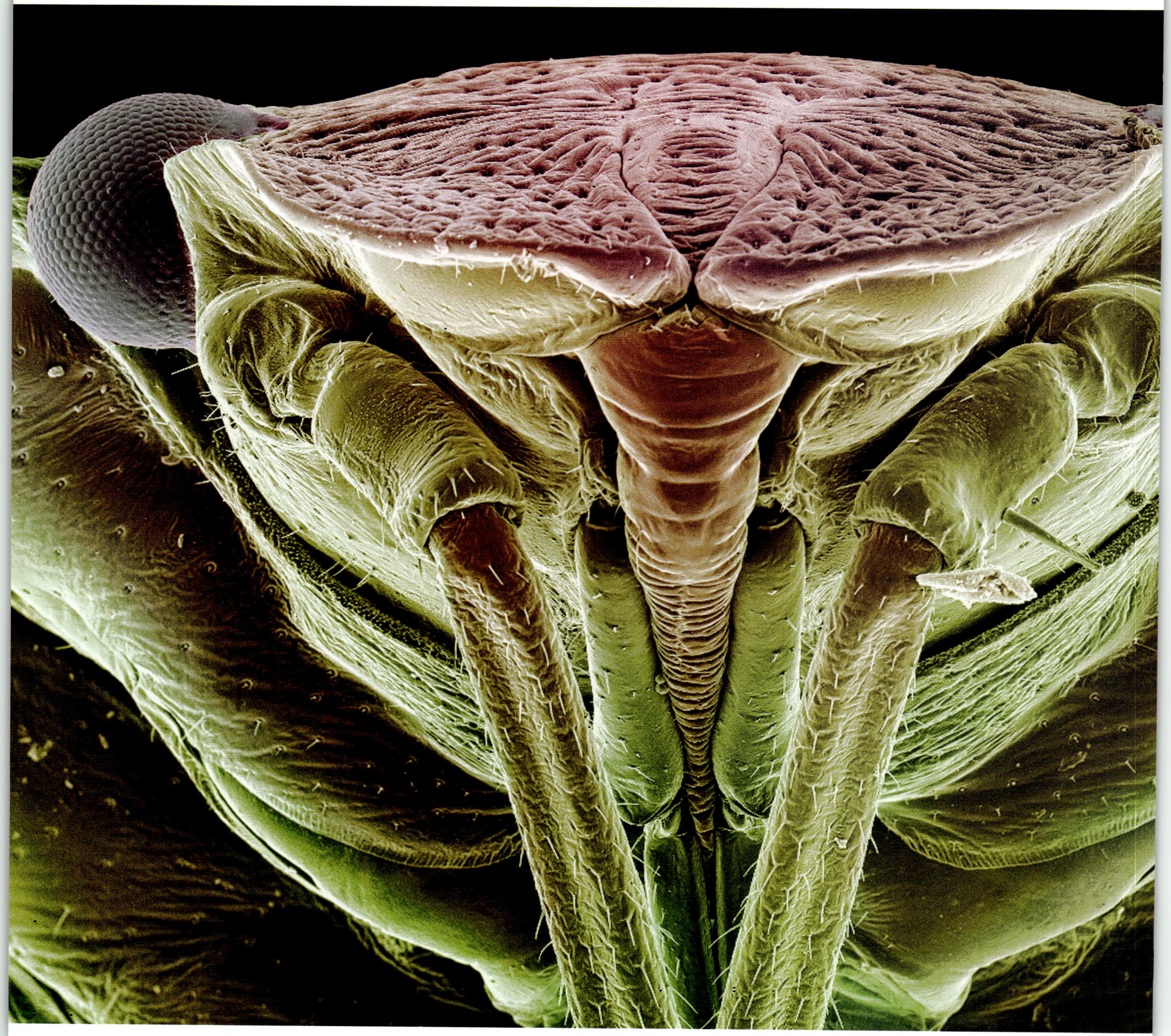

Saugwerkzeuge

DER KOPF EINER GRÜNEN STINKWANZE *(Palomena prasina)*, 200-fach vergrößert. Die großen Facetten- oder Komplexaugen setzen sich aus Hunderten winziger Einzelaugen zusammen. In der Bildmitte sichtbar ist der Saugrüssel, in Ruhestellung unter den Kopf geklappt. Die Wanze saugt an unterschiedlichen Pflanzen; dazu wird der Rüssel nach vorn geklappt und die Rüsselscheide zurückgezogen, so dass die scharfe »Injektionsnadel« freiliegt und eingebohrt werden kann. Stinkwanzen verdanken ihren Namen ihren übelriechenden Abwehrsekreten.

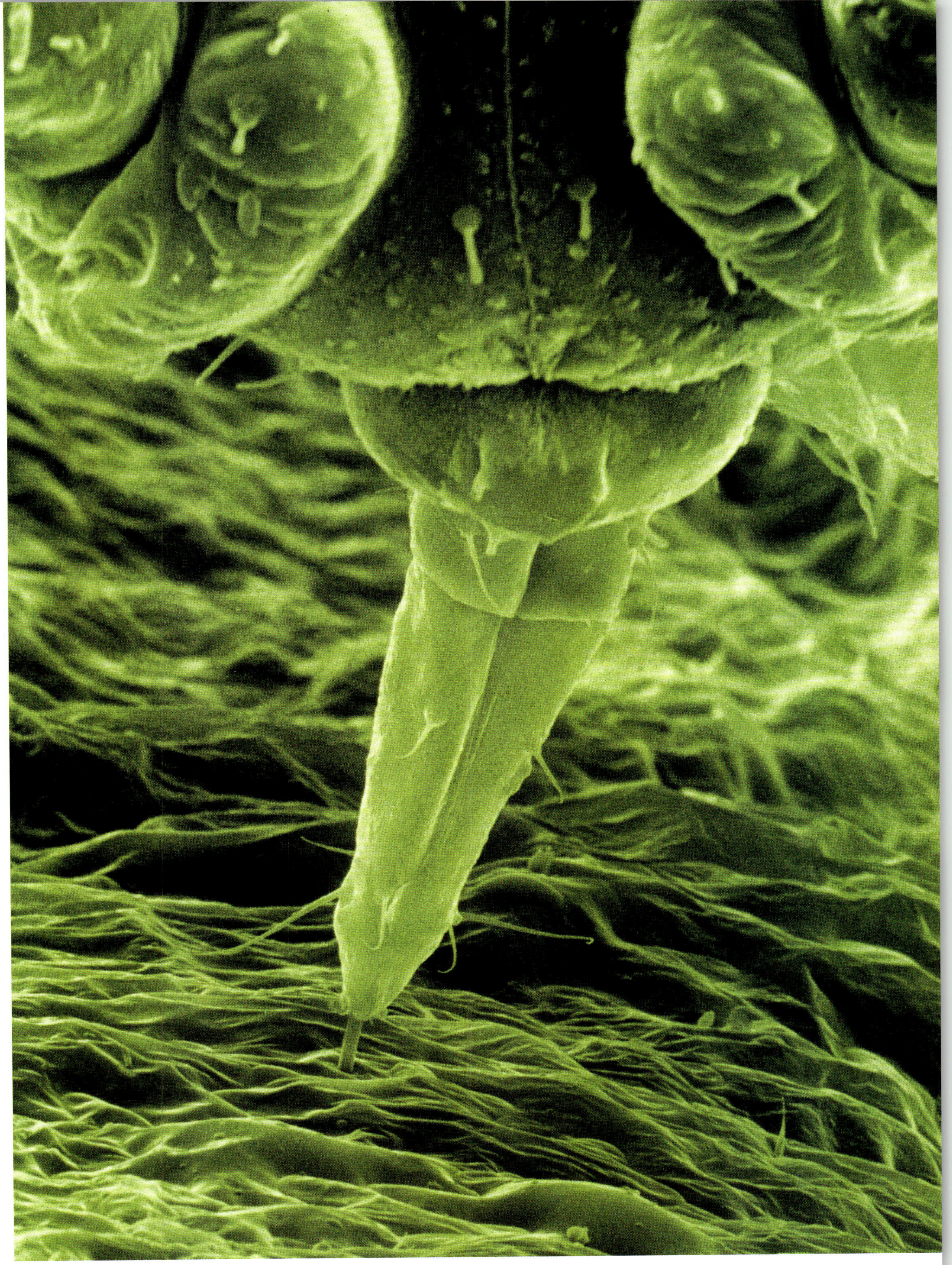

Blattlaus in Aktion

EINE BLATTLAUS VERSENKT IHREN WINZIGEN, NADELSPITZEN SAUGRÜSSEL in ein Blatt. Dank der enormen Vergrößerung ist sichtbar, wie die »Nadel« aus dem unteren Ende der Rüsselscheide tritt. Eine einzelne Blattlaus saugt nur wenig Saft, und wenige Blattläuse schädigen eine Pflanze kaum, doch können sie beim Saugen des zuckerreichen Saftes äußerst schädliche Viren übertragen.

Große Facettenaugen …

GROSSLIBELLEN JAGEN IM FLUG und brauchen hervorragende Augen, um Stechmücken und andere Beute auszumachen und zu fangen. Auch ihre Partner finden sie mit Hilfe der Augen, die fast den ganzen Kopf bedecken und den Tieren praktisch einen Panoramablick verschaffen. Jedes Einzelauge erzeugt ein eigenes Bild, das an das Gehirn übermittelt wird; die Libelle sieht also ein Mosaik aus Tausenden winziger Einzelbilder. Da sich die Tiere fast ausschließlich optisch orientieren, sind ihre Fühler nur noch kleine, nach vorn gerichtete Borsten.

… aus Tausenden von Einzelaugen

DIESE STARK VERGRÖSSERTE DETAILANSICHT eines Libellenauges zeigt nur einige der unzähligen Einzelaugen, die jedes für sich ein kleines Bild erzeugen. Auf diese Weise entsteht zwar kein sehr deutliches Gesamtbild, doch lässt sich eine Bewegung hervorragend wahrnehmen, da ein sich im Sehfeld bewegendes Objekt (wie eine Fliege) nacheinander viele Einzelaugen aktiviert.

Rechts: Vier Augen sehen mehr als zwei

DER TAUMELKÄFER *(Gyrinus natator)* verbringt fast sein ganzes Leben an der Oberfläche stehender oder langsam fließender Gewässer, wo er mit seinen paddelartig verbreiterten Beinen umherschwimmt. Er macht sowohl über als auch unter Wasser Beute, und daran sind seine Augen auf einzigartige Weise angepasst: Jedes ist zweigeteilt – die eine Hälfte blickt über die Wasseroberfläche, die andere darunter. Seine Hauptnahrung sind unter Wasser erspähte Stechmückenlarven, doch fängt er auch kleine Insekten, die auf dem Wasser treiben. Die Beute packt er mit den langen Vorderbeinen und zerkaut sie mit seinen in der Bildmitte erkennbaren Mundwerkzeugen.

Auf Empfang

DAS MÄNNCHEN DES MAIKÄFERS *(Melolontha melolontha)* hat große Fühler mit je sieben Lamellen, die sich wie ein Fächer spreizen lassen. Jede Lamelle ist dicht mit Sinneszellen besetzt, die den Duft der Maikäferweibchen wahrnehmen. Durch Aufspreizen der Lamellen vergrößert das Männchen die Oberfläche und damit die Chance, den Duftstoff in der Luft auszumachen. Sucht der Maikäfer keine Partnerin, klappt er die Fühler zusammen, so dass sie aussehen wie kleine Keulen. Weibchen haben kleinere Fühler mit nur sechs Lamellen.

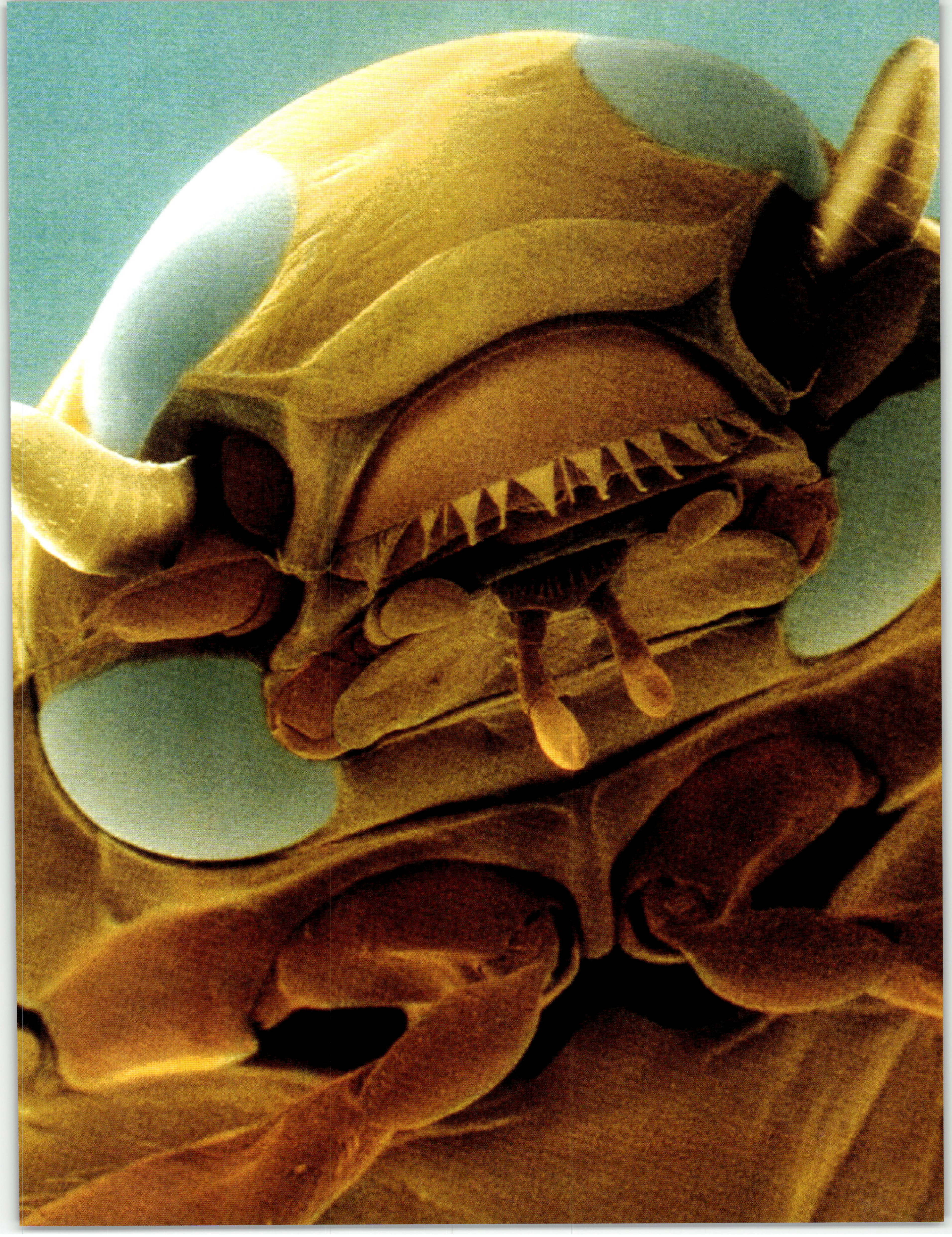

Links: Ein borstiger Geselle

DIESE FRISCH GESCHLÜPFTE RAUPE scheint ganz aus Stacheln und Borsten zu bestehen, und das aus gutem Grund: Schlupfwespen und andere Parasiten sind stets darauf aus, ihre Eier in jungen Raupen abzulegen (siehe Seite 137). Ein Stachelkleid bietet guten Schutz dagegen, weil es die Parasiten vom weichen Raupenkörper fernhält. Vorn am Kopf sind die winzigen Fühler zu erkennen.

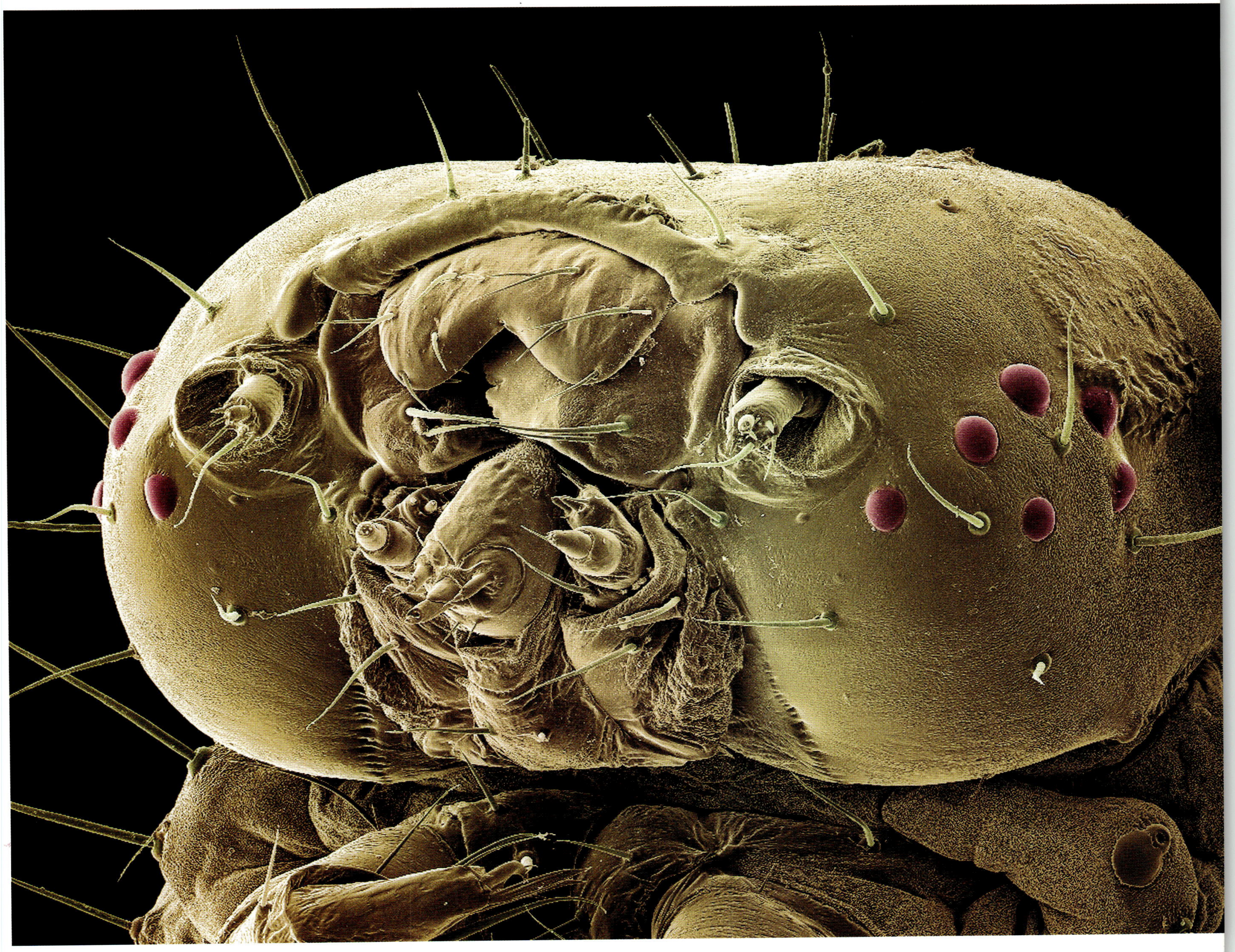

Einzelaugen

RAUPEN HABEN KEINE FACETTENAUGEN aus zahllosen Einzelaugen wie die adulten Insekten. Bei ihnen sitzen mehrere halbrund oder kreisförmig angeordnete Einzelaugen (Stemmata) an jeder Kopfseite (hier rosa eingefärbt). Sie dienen wahrscheinlich nur dem Unterscheiden von hell und dunkel. In der Mitte des Kopfes, direkt unter der Mundöffnung, sind die Taster zu sehen, mit denen die Raupe die richtige Nahrung findet.

Farbenprächtige Augen

DIE AUGEN VIELER BREMSEN schillern in leuchtenden Farben. Bei einigen sind sie gestreift, bei anderen, wie dieser Bremse der Art *Chrysops vittatus,* unregelmäßig gefleckt; die Farben verschwinden jedoch stets nach dem Tod des Insekts. Neben den farbigen Augen sind hier auch die drei Punktaugen (Ocellen) oben auf dem Kopf zu erkennen, ebenso der für weibliche Bremsen typische furchterregende Stechrüssel. Die Weibchen saugen Blut (auch menschliches), indem sie mit ihrem messerscharfen Rüssel die Haut anritzen und das austretende Blut auflecken. Männliche Bremsen bevorzugen Nektar.

Damit ich dich besser sehen kann

DIE AUGEN MÄNNLICHER EINTAGSFLIEGEN sind größer als die der Weibchen; bei manchen Arten wie *Centroptilum luteolum* (Bild) sind die Augen zweigeteilt, wobei der obere Teil deutlich erhaben ist (»Turbanaugen«). Die Einzelaugen sind in diesem Teil größer und nach oben gerichtet, so dass das Männchen ein über ihm fliegendes Weibchen gezielt ansteuern kann. Männchen nähern sich den Weibchen stets von unten und packen sie mit den langen Vorderbeinen.

Platzsparend aufgerollt

SCHMETTERLINGE ROLLEN IHREN SAUGRÜSSEL unter dem Kopf fest zwischen den behaarten Tastern ein, wenn sie ihn nicht brauchen. Zur Nahrungsaufnahme wird der Saugrüssel (Proboscis) dann durch Muskelkraft und einströmendes Blut entrollt. Die meisten Schmetterlinge leben von Nektar, den sie mit Hilfe von Muskeln durch den Rüssel pumpen. Nach der Mahlzeit entspannen die Muskeln, und der Rüssel wird durch seine eigene Elastizität wieder eingerollt (siehe Seite 127).

Schützender Bart

RAUBFLIEGEN DER FAMILIE ASILIDAE ernähren sich von anderen Insekten, die sie meist im Flug erbeuten, mit ihrem kräftigen Rüssel anbohren und aussaugen. Ein gutes Sehvermögen ist unerlässlich, um Beutetiere zu entdecken und zu fangen, daher müssen Raubfliegen ihre großen Augen vor der zappelnden aufgespießten Beute schützen. Dazu dienen die zahlreichen kräftigen Haare in ihrem Gesicht.

Muskelkraft

DIE HÄKCHEN AM FUSS einer Raupe werden von kräftigen Beinmuskeln bewegt. Bei angespannten Muskeln graben sich die an Häkelnadeln erinnernden Haken in den Untergrund; man kann die Raupe dann kaum vom Zweig oder Blatt lösen, ohne sie zu verletzen.

Fensterscheibenkletterer

FLIEGEN KÖNNEN AN FENSTERSCHEIBEN und anderen glatten Oberflächen auf und ab spazieren, weil an ihren Füßen je zwei bis drei kleine Haftorgane (Pulvillen) sitzen. Deren Unterseite ist mit Tausenden winziger röhrenförmiger Härchen besetzt (hier stark vergrößert); insgesamt ist deren Adhäsionskraft so groß, dass die Fliege an einer senkrechten Glasscheibe Halt findet. Die Krallen neben den Haftläppchen dienen dem Laufen auf rauem Untergrund.

Adhäsionskraft

FRÜHER DACHTE MAN, die unzähligen Röhrchen am Fuß einer Fliege funktionierten wie Saugnäpfe, doch heute weiß man, dass sie durch Adhäsion wirken. Werden die glatten, flachen Enden der Röhrchen an Glas oder sonstige glatte Oberflächen gepresst, treten kleine Tropfen öliger Flüssigkeit aus, die sie durch molekulare Anziehungskräfte festhalten. Bei etwa 50 000 Röhrchen pro Pulville ist die Adhäsion mehr als ausreichend, um die ganze Fliege zu halten. Verändert diese den Winkel der Haftläppchen, löst sich der Halt, und sie kann auf der Scheibe umherlaufen.

Immer auf der Hut

DIE AUGEN EINER STUBENFLIEGE sind nicht so groß wie die einer Libelle, enthalten aber immer noch Tausende von Einzelaugen. Diese blicken in praktisch alle Richtungen; die Fliege bemerkt also jede nahende Gefahr. Die Borsten an ihrem Kopf und ihrem Körper registrieren zudem jeden Luftzug und warnen das Tier, wenn sich etwas Großes nähert. Deshalb ist es so schwierig, eine Fliege zu fangen.

Bitte Abstand halten!

STIELAUGENFLIEGEN der Gattung *Diopsis* leben meist in tropischen Regionen und ernähren sich von zerfallenden Pflanzenresten. Jede Fliege beansprucht dabei eine kleine Fläche für sich. Kommt eine Konkurrentin, vergleichen die beiden Fliegen den Augenabstand; meist gibt dann die Fliege mit dem kleineren Augenabstand auf. Bei der Puppe sind die Augenstiele nicht erkennbar, sie entfalten sich erst nach dem Schlüpfen der Imago, bevor die Körperhülle aushärtet.

Rechts: Goldauge

DIE HERVORTRETENDEN FACETTENAUGEN des Gemeinen Goldauges *(Chrysoperla carnea)* wurden hier orange hervorgehoben, sind beim lebenden Tier aber eher gold- oder messingfarben, weswegen man die Florfliegen auch »Goldaugen« nennt. Die Tiere ernähren sich hauptsächlich von Blattläusen und sind deshalb im Garten gern gesehen.

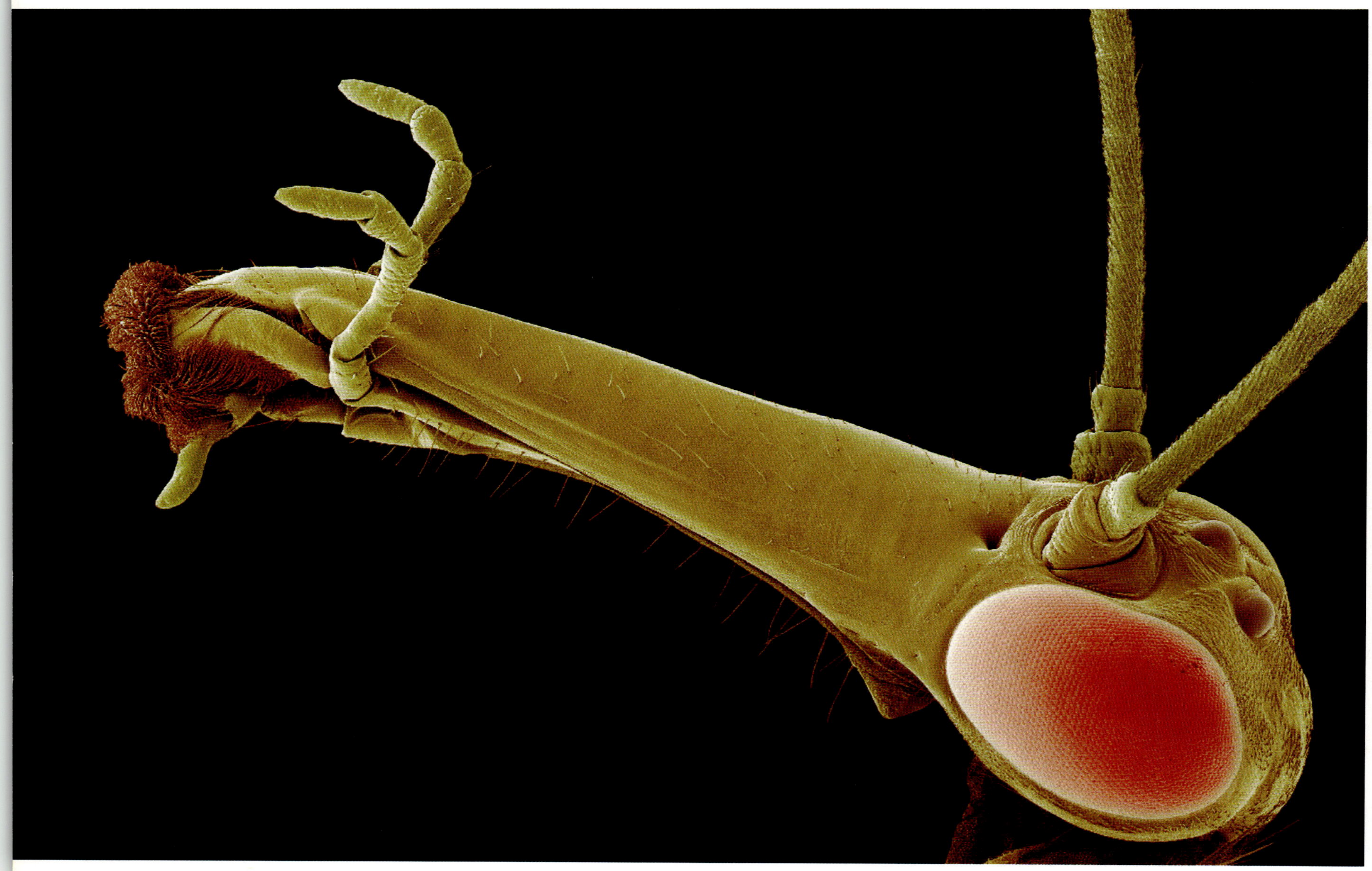

Charakterkopf

SKORPIONSFLIEGEN HABEN DEN TYPISCHEN, SCHNABELARTIG VERLÄNGERTEN KOPF der Schnabelfliegen (Ordnung Mecoptera), an dessen Ende die Mundwerkzeuge sitzen. Die Kopfform steht vielleicht mit der Nahrung der Insekten in Zusammenhang, hält sie doch die Augen und Fühler auf Abstand zu ihren Lieblingsspeisen: Aas und faulenden Früchten (siehe Seite 134). Mit den gebogenen Tastern an der Spitze des »Schnabels« wird die Nahrung geprüft.

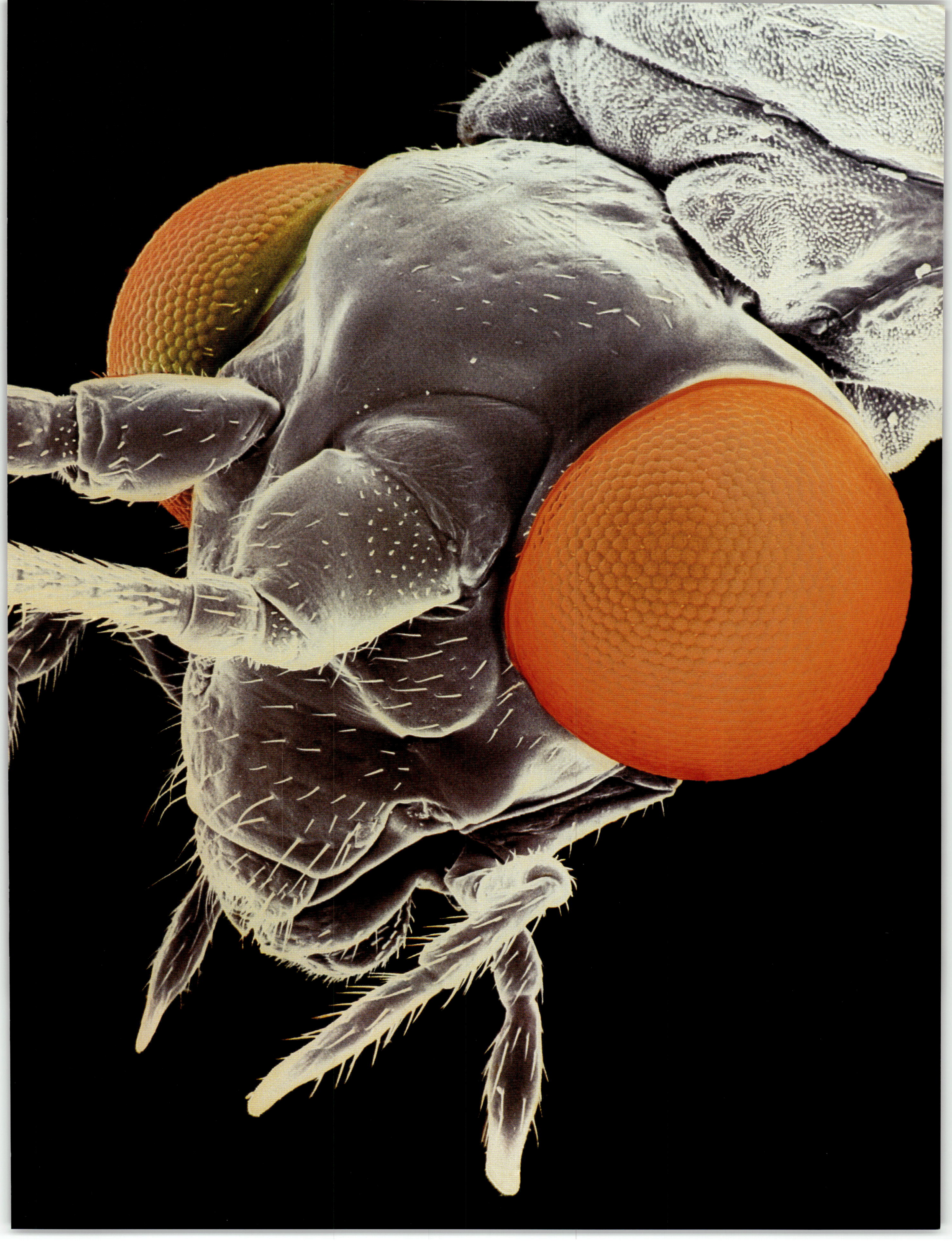

Eine haarige Angelegenheit

SCHMETTERLINGSMÜCKEN DER GATTUNG *Psychoda* sind von Kopf bis Fuß, die Flügel eingeschlossen, dicht behaart. Die kleinen Augen haben relativ wenige Einzelaugen; die Tiere orientieren sich eher mit dem Geruchssinn. Ihre nahe der Augenmitte entspringenden Fühler tragen kranzförmig angeordnete Sinneshärchen, die Düfte und Vibrationen registrieren. Die auch Abortfliegen genannten Insekten legen ihre Eier in faulendes Material, meist in Wasser, und sind oft in Rieselfeldern zu finden.

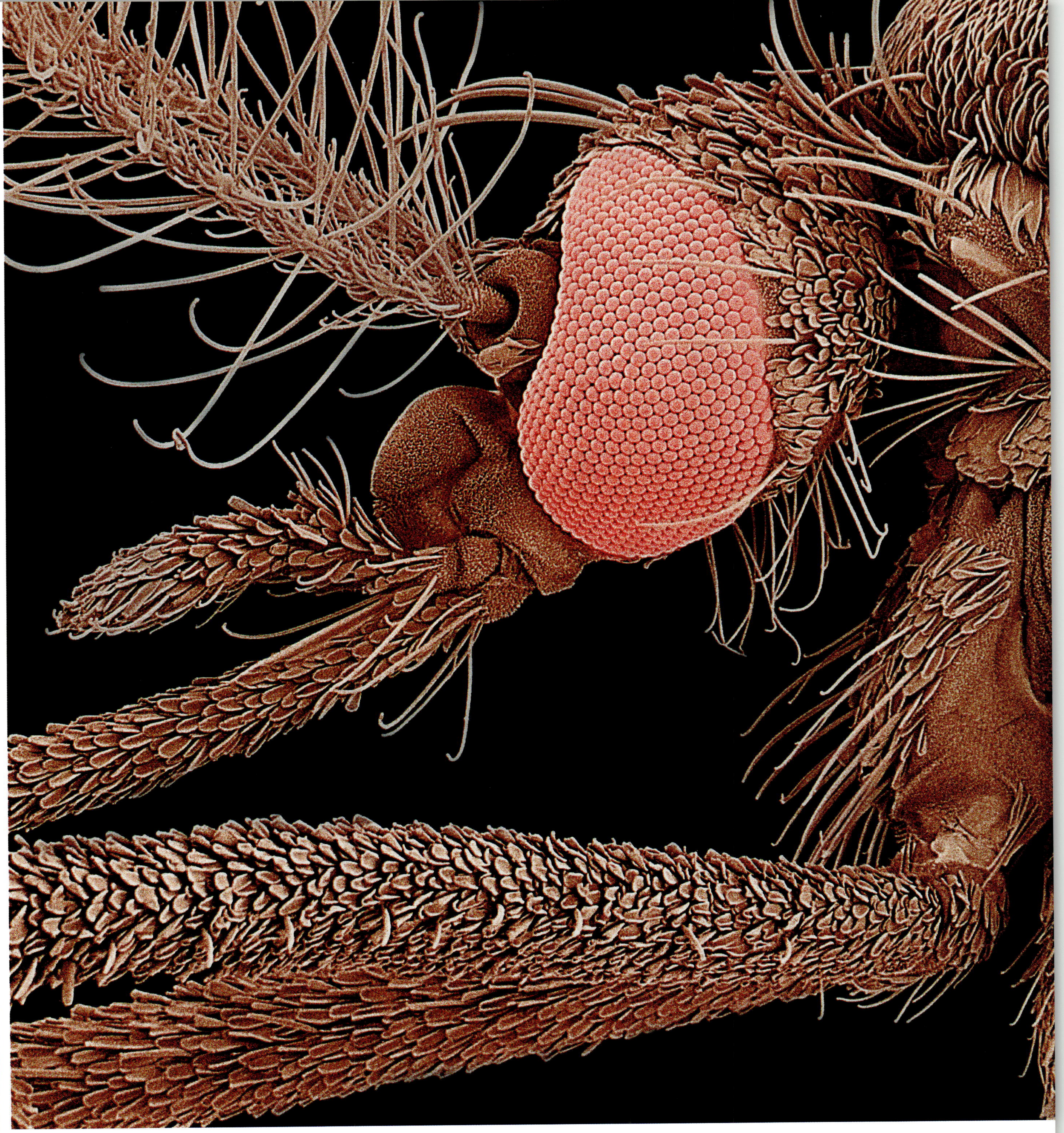

Dichtes Schuppenkleid

STECHMÜCKEN TRAGEN EIN DICHTES SCHUPPENKLEID, das hier hinter den Augen, an den Beinen (unten im Bild) sowie an der unten am Kopf entspringenden Rüsselscheide gut zu erkennen ist. Hier abgebildet ist ein Weibchen; seine Fühler (oben im Bild) sind weit weniger stark behaart als die der Männchen (siehe Seite 46). Nur die Weibchen saugen Blut.

Feine Antennen

DIE FÜHLER DES STECHMÜCKENMÄNNCHENS entspringen aus einer schalenförmigen Basis direkt unterhalb des Auges. Sie sind dicht mit Sinneshaaren besetzt, die Luftschwingungen und somit auch die von den Weibchen im Flug erzeugten Töne registrieren. In der Mitte ist der teilweise aus seiner Scheide gezogene Saugrüssel (Proboscis) erkennbar, flankiert von den Tastern. Männliche Stechmücken ernähren sich vor allem von Nektar und saugen kein Blut.

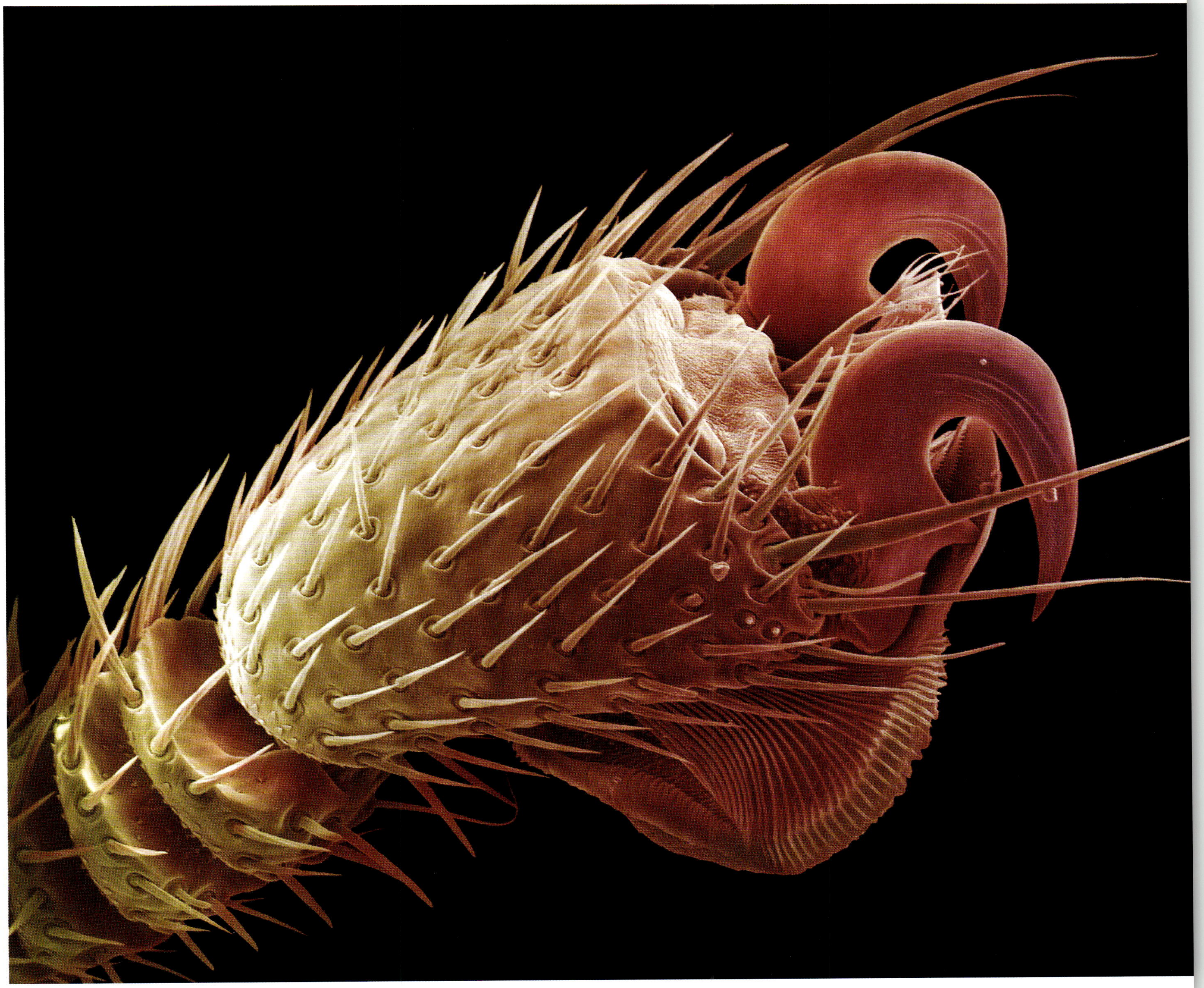

Enterhaken

DIE KRÄFTIGEN KLAUEN einer Lausfliege der Familie Streblidae sind typisch für Ektoparasiten. Strebliden kommen hauptsächlich in den Tropen vor; sie leben im Fell von Fledermäusen und ernähren sich ausschließlich von deren Blut. Wie bei vielen solcher Parasiten haben die Klauen genau die richtige Größe und Form, um sich im Fell ihrer Wirte festzuklammern.

Eingehakt

BIENEN, WESPEN und andere Hautflügler haben oft so kleine und zarte Hinterflügel, dass man sie leicht übersieht. Die Hinter- und Vorderflügel sind jeweils durch eine Reihe winziger Häkchen (Hamuli) miteinander verbunden. Diese sitzen mittig an der Vorderkante der Hinterflügel und greifen in die überlappende Kante der Vorderflügel. Diese Aufnahme entstand bei starker Vergrößerung unter dem Rasterelektronenmikroskop. Bei Hummeln und anderen großen Arten kann man die Flügelhäkchen jedoch schon mit einer einfachen Lupe gut erkennen.

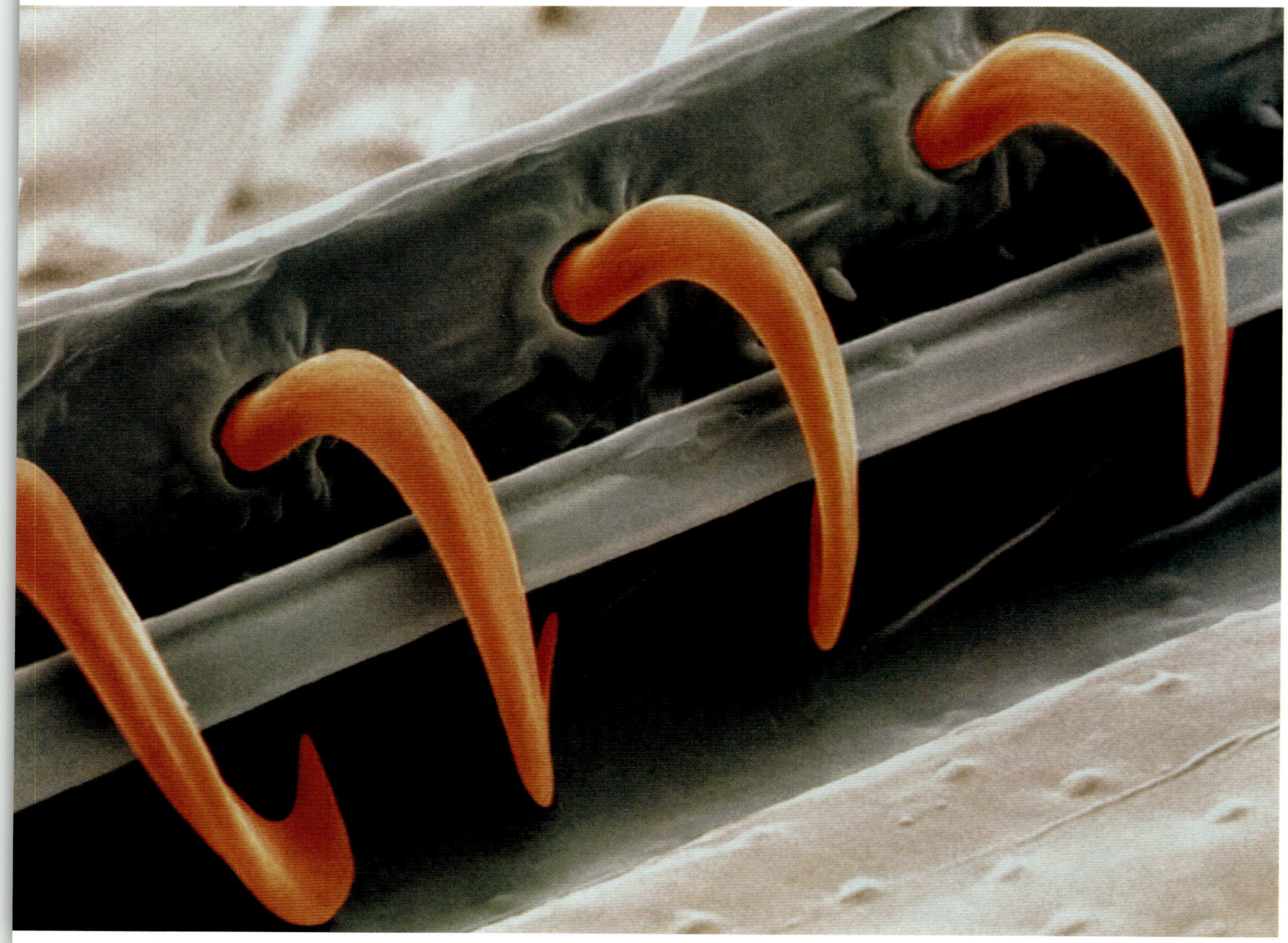

Kräftige Kiefer

DER KOPF EINER HORNISSE *(Vespa crabro)* bei starker Vergrößerung. Die kräftigen Mundwerkzeuge bestehen – wie die gesamte Körperhülle – aus Chitin, einem festen, harten Material. Mit den gezähnten Unterkiefern (Mandibeln) zerkleinert das Insekt seine Beute, raspelt und zerkaut aber auch das für den Nestbau benötigte Holz (siehe Seite 270).

Vielzweckinstrumente

BIENEN HABEN KOMPLIZIERTE MUNDWERKZEUGE – nicht nur einen Rüssel zum Nektarsaugen, sondern auch kauende Kiefer, um Pollen und Nestbaumaterialien zu verarbeiten. Dabei variiert die Form der Kiefer je nach dem verarbeiteten Material. Die Große Wollbiene (*Anthidium manicatum,* oben) schabt mit ihren gezähnten Kiefern weiche Fasern von Blättern, um damit die Zellen ihres Nestes auszukleiden. *Anthidium interruptum* (unten) dagegen kleidet ihr Nest mit Kiefernharz aus, das sie mit den relativ plumpen Mundwerkzeugen in Form bringt.

Blattschere

DIE ROSENBLATTSCHNEIDERBIENE *(Megachile centuncularis)* schneidet mit ihren Kiefern wie mit einer Schere kleine Stücke aus Blättern und kleidet damit ihr Nest aus (siehe Seite 261).

Gliederfüße

WIE JEDES INSEKTENBEIN BESTEHT DAS BEIN DER HORNISSE *(Vespa crabro)* aus mehreren Segmenten; entsprechend werden die Insekten der großen Gruppe der Arthropoden (»Gliederfüßer«) zugerechnet. Hier sind die drei letzten Beinglieder zu sehen; das Endglied trägt zwei Klauen und Haftkissen, mit denen die Hornisse an glatten Flächen Halt findet. Die grünen Körnchen sind hängen gebliebener Blütenpollen.

An ungewöhnlicher Stelle

DAS OHR DES HEIMCHENS *(Acheta domesticus)* besteht aus einem kahlen Stück Haut – am Vorderbein! Bei allen Grillen sitzen diese Tympanalorgane an den Vorderbeinen, meist je ein Trommelfell auf beiden Seiten des Beines, direkt unterhalb des »Knies«. Die Trommelfelle werden durch das Zirpen der Männchen in Schwingung versetzt. Jede Art hat ihr typisches »Lied«; Weibchen reagieren nur auf Männchen der eigenen Art. Durch Drehen der Beine orten sie die Schallquelle und machen sich dann auf den Weg zum Männchen. Hört ein Männchen den Gesang eines anderen, zieht es sich meist zurück.

Der Stachel im Fleisch

ALLE SOZIALEN FALTENWESPEN haben Stachel, um ihren Staat zu verteidigen, so auch die Gemeine Wespe *(Vespula vulgaris)*. Bei der kleinsten Störung strömen die Wespen aus dem Nest und greifen oft alles an, was sich in der Einfluglinie befindet. Der Stachel besteht aus einer Giftblase sowie zwei Lanzetten mit Widerhaken und einem Stilett, die zusammen eine Hohlnadel bilden. Das Stilett sticht ein Loch, in das dann die an zwei »Schienen« am Stilett entlanggleitenden Lanzetten vordringen. Muskeln pumpen Gift in die Wunde. Da sich der Stachel aus dem Legeapparat entwickelt hat, findet man ihn nur bei den Weibchen, also Königinnen und Arbeiterinnen.

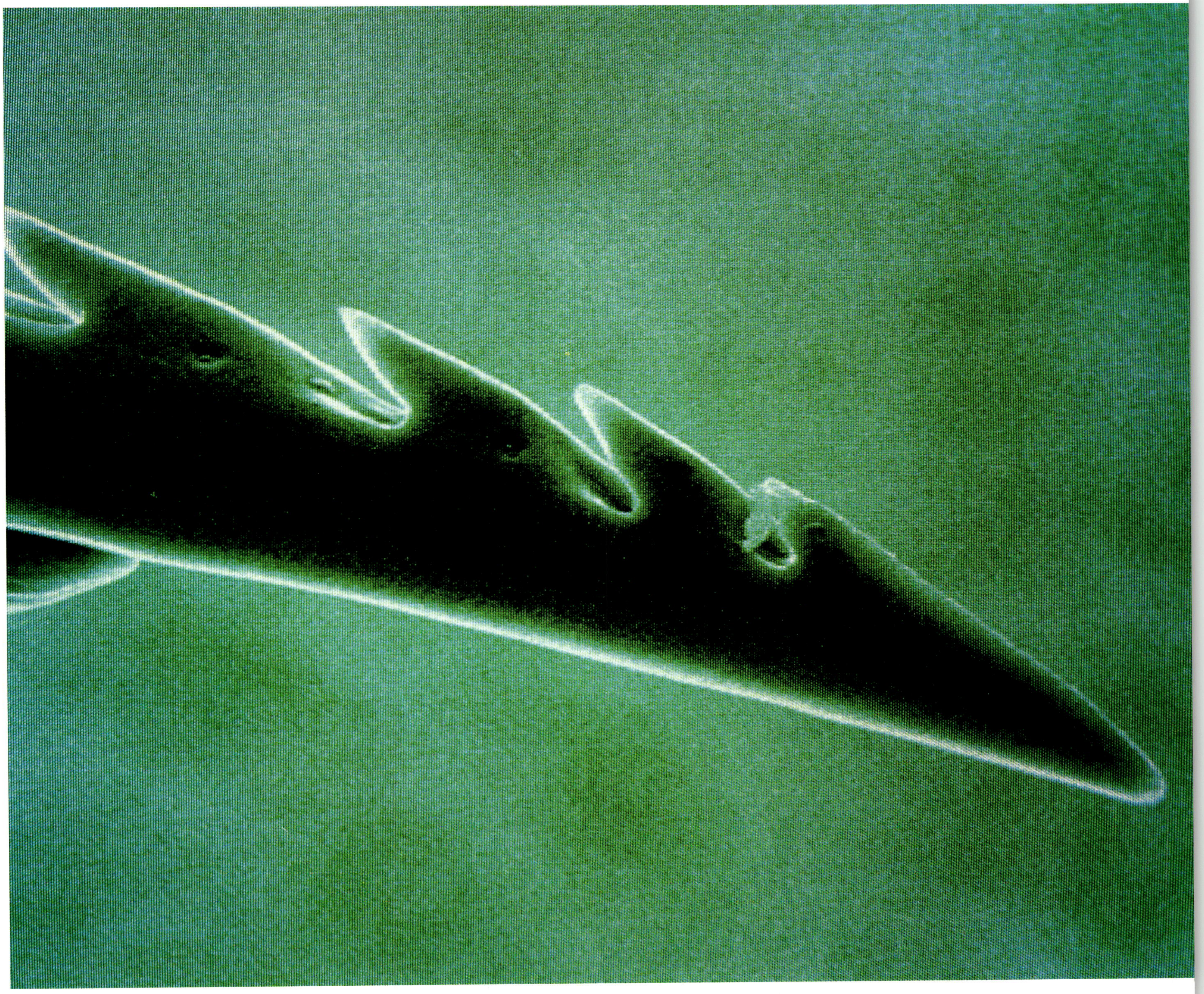

Im Stich gelassen

DER STACHEL DER HONIGBIENE *(Apis mellifera)* ähnelt dem der Faltenwespen, hat aber größere Widerhaken und lässt sich bei Säugetieren nicht wieder aus der Wunde ziehen. Nach dem Stich entkommt die Biene nur, wenn sie sich losreißt und den Stachel zurücklässt. Das kostet sie das Leben, doch ein paar Individuen sind kein hoher Preis für die Sicherheit des gesamten Bienenstaates. Den Giftsack umgebende Muskeln pumpen auch dann noch Gift in die Wunde, wenn sich die Biene bereits entfernt hat, und der Stachel sondert weiter Warnstoffe ab, die andere Arbeiterinnen auf den Plan rufen. Die Bienenkönigin benutzt ihren Stachel nur, um Konkurrentinnen zu töten.

Haarige Fühler

NACHTFALTER ORIENTIEREN SICH VORNEHMLICH OPTISCH, doch viele benutzen ihre Fühler (Antennen), um die unmittelbare Umgebung zu erfassen. Gefiederte Fühler, wie die hier stark vergrößert gezeigten, nehmen besonders gut Düfte auf, denn die Haare sitzen voller winziger Sinnesorgane, die auf bestimmte Düfte – etwa den eines Weibchens – spezialisiert sind. Daher sind die Fühler bei Männchen besonders stark gefiedert; sie registrieren auch Schwingungen und »erfühlen« außerdem den Geschmack oder die Beschaffenheit von Dingen.

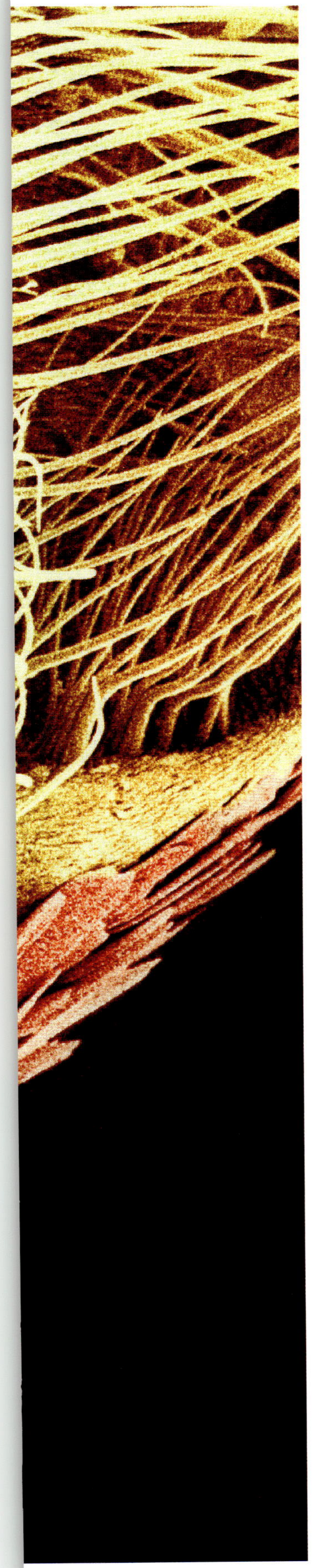

Schöne Schuppen

SCHMETTERLINGSFLÜGEL SIND MIT KLEINEN SCHUPPEN BEDECKT, die eigentlich modifizierte Haare sind. Sie überlappen dachziegelartig und verleihen den Tieren ihre Farbenpracht. Zudem helfen sie, beim Sonnenbad mit ausgebreiteten Flügeln die Körpertemperatur zu heben, da sie Sonnenwärme absorbieren. Viele Schmetterlinge brauchen eine Temperatur von rund 30 °C, um fliegen zu können. Dunkle Farben absorbieren mehr Wärme als helle, daher sind im Gebirge lebende Arten meist dunkler als die im Flachland. Tag- und Nachtfalter bilden die Ordnung Lepidoptera, »Schuppenflügler«, obwohl ihr Körper ganz von Schuppen bedeckt ist.

Rechts: Pigmentfarben

DIE FARBEN ROT, BRAUN, SCHWARZ UND GELB werden bei Schmetterlingen meist durch Pigmente in den Flügelschuppen erzeugt. Bei weißen Flügeln oder Flecken dagegen entsteht die Farbe in unpigmentierten Schuppen, deren Innenseite das Licht streut.

Strukturfarben

DIE SCHUPPEN AM FLÜGEL eines männlichen *Morpho*-Falters vermitteln einen Eindruck von der schillernden Farbe der tropischen Tagfalter. Die Farben gehen jedoch nicht auf Pigmente zurück, sondern auf dicht nebeneinanderliegende Rippen und Rillen innerhalb oder auf der Oberfläche der Schuppen. Die nur unter dem Elektronenmikroskop sichtbaren Rippen (siehe Seite 19) reflektieren das Licht; wegen ihrer dichten Anordnung kommt es zu Interferenzen zwischen den Lichtstrahlen. Bestimmte Wellenlängen heben sich auf, und meist erreicht nur blaues oder violettes Licht unser Auge. Viele blaue und metallisch schillernde Schmetterlinge verdanken diesem Phänomen ihre Farben.

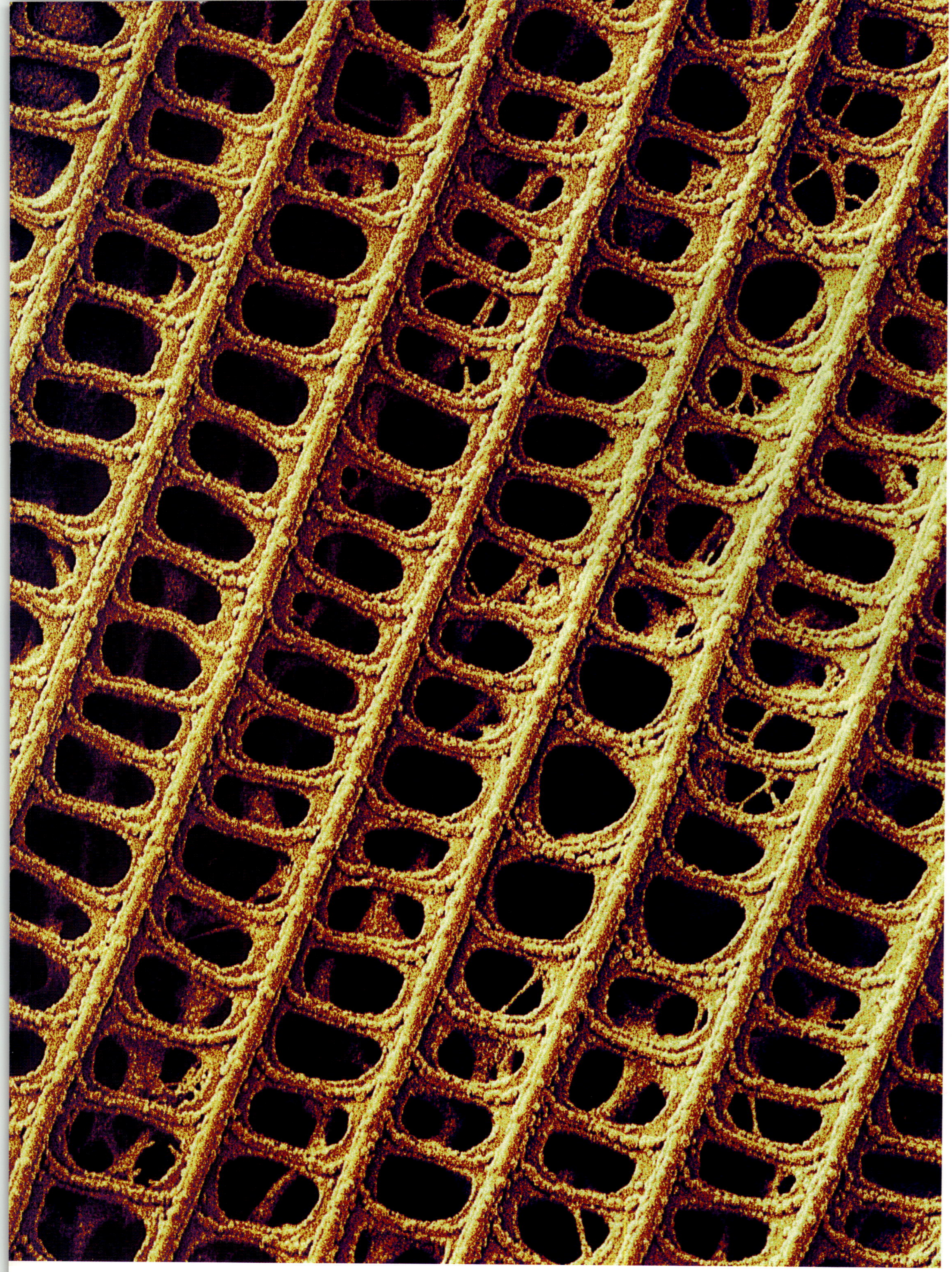

Komplexe Oberflächenstruktur

BEI SEHR STARKER VERGRÖSSERUNG zeigt die Oberfläche von Schmetterlingsschuppen Rippen, Rillen und andere komplexe Strukturen, die für die schillernden Farben (Interferenzfarben) verantwortlich sind (siehe Seite 58). Da das Bild unter dem Rasterelektronenmikroskop entstand, fehlte das zur Erzeugung von Farben notwendige Licht.

Bunter Staub

DIE SCHUPPEN DER SCHMETTERLINGSFLÜGEL sitzen auf einem winzigen, in der Flügelmembran verankerten Stiel. Vor allem Männchen haben besondere Duftschuppen (Androkonien), deren Düfte Partnerinnen anlocken. Die Flügelschuppen sitzen nicht allzu fest und reiben sich leicht ab; fasst man einen Schmetterling an, bleiben sie als feiner Staub an den Fingern hängen. Gegen Ende ihres Lebens sehen Schmetterlinge oft unansehnlich aus, weil ihnen schon viele Schuppen fehlen.

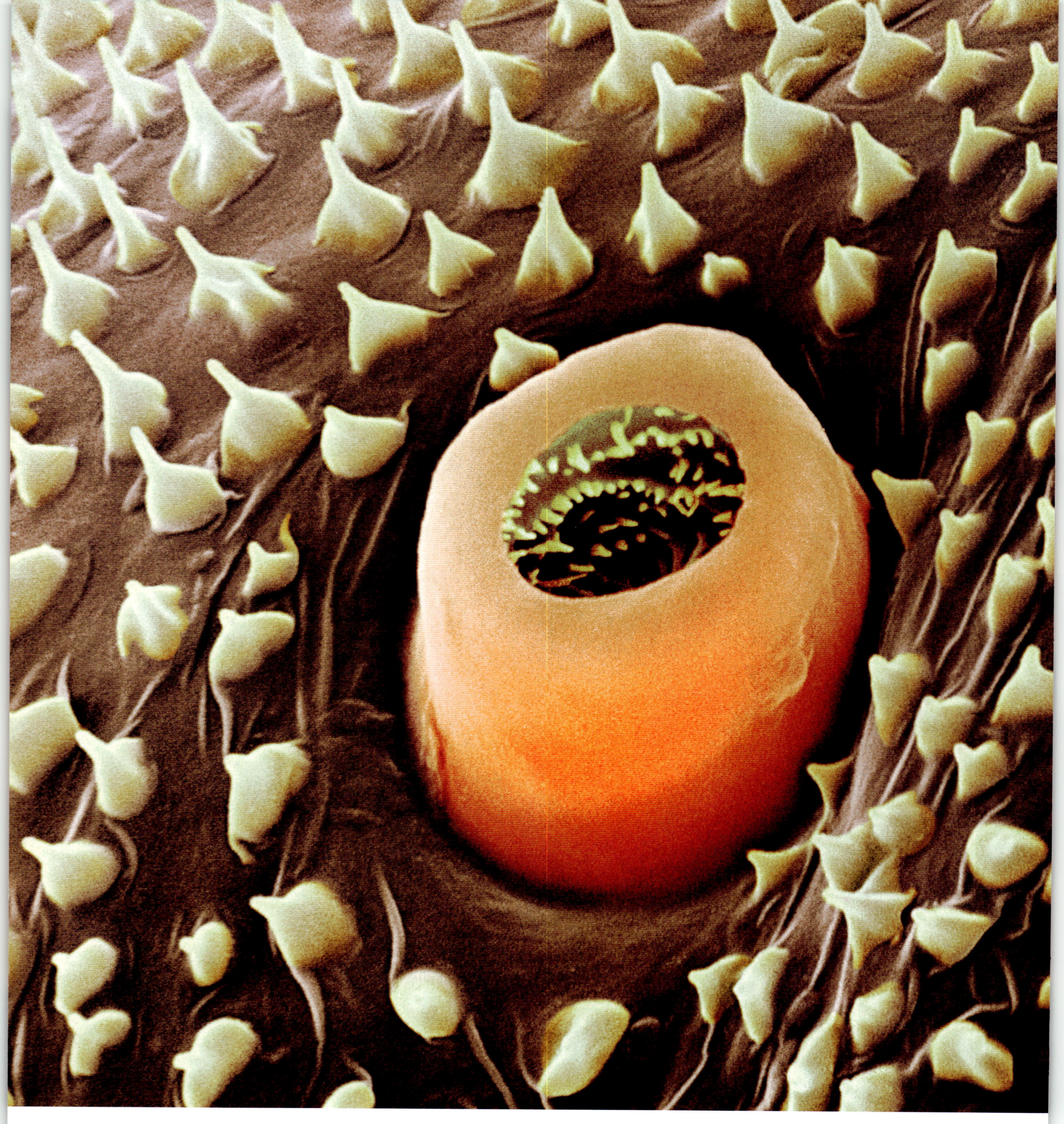

Einatmen …

62

INSEKTEN HABEN KEINE LUNGE, sondern atmen durch winzige Atemöffnungen (Stigmen), die über ein verzweigtes Röhrensystem (Tracheen) verbunden sind. Durch sie gelangt Sauerstoff in alle Körperteile. Fast jedes Körpersegment trägt paarige Stigmen. Im Bild eine Atemöffnung einer Raupe des Braunen Bären *(Arctia caja)*. Die orange eingefärbte Außenwand umgibt eine mit Haaren ausgekleidete »Reuse«; diese hält Staub, Wasser und andere schädliche Substanzen fern.

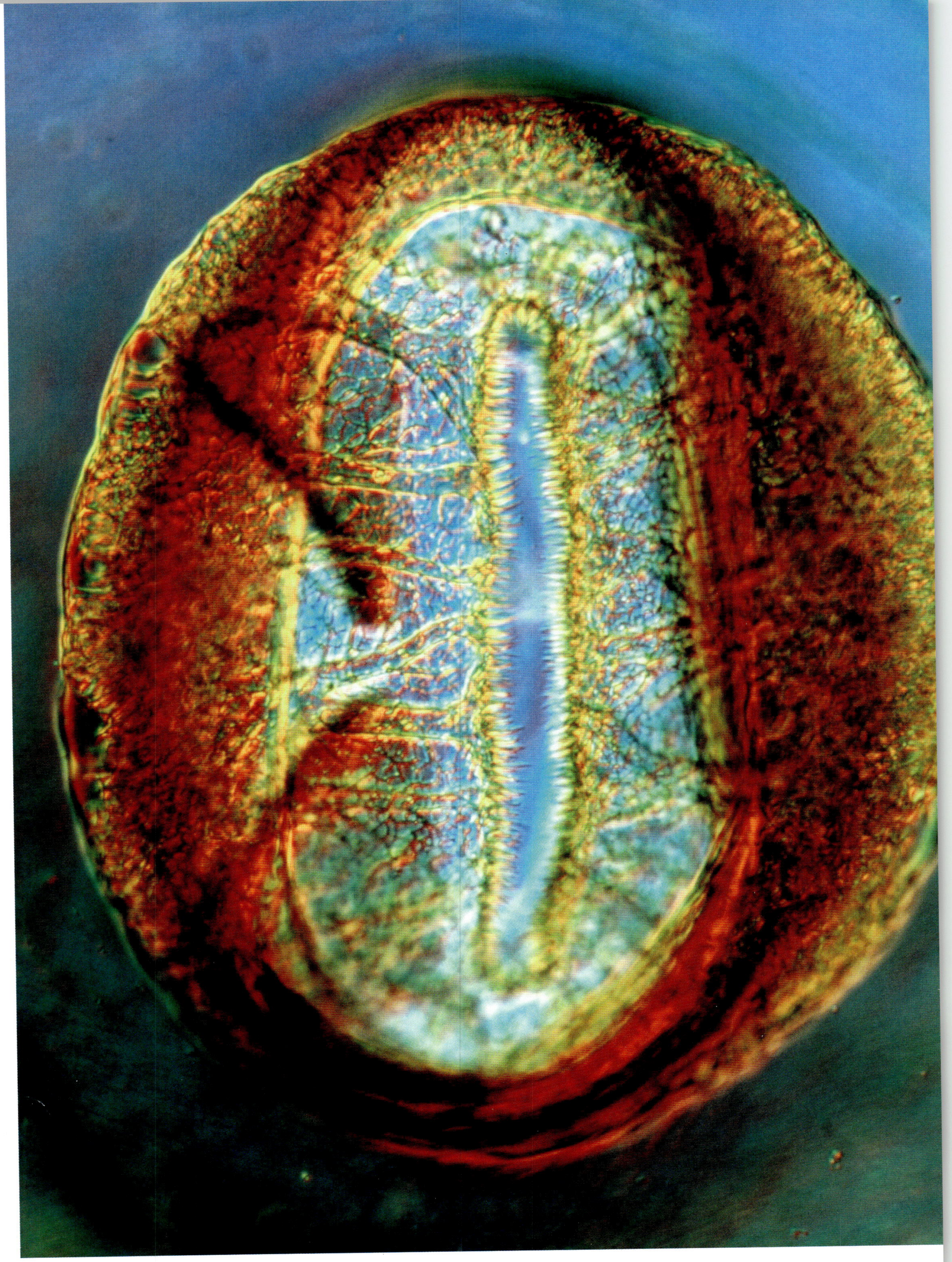

… und Ausatmen

DIE ATEMÖFFNUNGEN sind an der Körperseite großer, unbehaarter Raupen besonders gut zu erkennen. Oft sind sie von kontrastreich gefärbten Ringen umgeben. Das hier abgebildete Stigma gehört zu einer Seidenraupe *(Bombyx mori);* in der Mitte erkennbar: die Filterhärchen. Sehr aktive Insekten wie Schwebfliegen und Faltenwespen pressen mit ihrer Körpermuskulatur die Luft aus den Stigmen heraus. Entspannen die Muskeln, strömt frische Luft ein.

Ungewöhnliche Atemorgane

DIESE KLEINLIBELLENNYMPHE trägt an ihrem Hinterende drei zarte Schwanzanhänge, die als Kiemen fungieren. Deren Haut ist sehr dünn, und sie sind von zahlreichen Tracheen durchzogen (siehe Seite 62). Der im Wasser gelöste Sauerstoff gelangt durch die Haut in die Tracheen und von dort in alle Körperteile. Die Nymphen der Großlibellen haben ihre Kiemen im Bauch und atmen, indem sie Wasser hinein- und herauspumpen. Nicht selten bewegen sie sich auch durch schnelles Auspressen von Wasser vorwärts.

Guter Empfang

DIE FÜHLER MÄNNLICHER RIESENSEIDENSPINNER *(Hyalophora euryalus)* sind unvorstellbar empfindlich; auf den feinen Verzweigungen sitzen Hunderttausende von Duftrezeptoren. Die stark vergrößerte Oberfläche erhöht die Wahrscheinlichkeit, von einem Weibchen abgegebene Duftstoffe (siehe Seite 228) zu empfangen. Die Männchen registrieren selbst vereinzelte Duftmoleküle in der Luft und fliegen dann sofort gegen den Luftstrom, um deren Quelle zu finden. So können sie »sendende« Weibchen über Entfernungen von 2 km und mehr aufspüren.

IN BEWEGUNG

Insekten sind die einzigen wirbellosen Tiere mit Flügeln, und bei den meisten Arten ist das Fliegen die auffälligste Art der Fortbewegung. Die Flügel – fast immer gibt es zwei Paare – sitzen stets am Thorax. Manchmal sind alle vier Flügel zart und häutig, wie bei Netzflüglern, Bienen und Schmetterlingen. Käfer und viele Schnabelkerfe dagegen haben harte, derbe Vorderflügel, die in Ruhe den Körper zum größten Teil bedecken, so dass die Tiere gar keine Flügel zu haben scheinen.

Die Fluggeschwindigkeit von Insekten lässt sich nur schwer ermitteln, weil sie selten mehr als ein paar Meter geradeaus fliegen. Einige Wespen, Schwärmer und Großlibellen bringen es auf über 70 km/h, doch die meisten Insekten sind deutlich langsamer. Tagfalter erreichen höchstens 15 km/h; sie schlagen recht langsam mit den Flügeln, mittelgroße Arten wie der Kohlweißling etwa zehnmal pro Sekunde. Kleinere Arten wie die Dickkopffalter haben eine höhere Schlagfrequenz; einige größere Arten wie die Edelfalter legen dagegen immer wieder längere elegante Segelflugphasen ein. So manche winzige Mückenart wiederum schlägt bis zu 1000-mal pro Sekunde mit den Flügeln. Schlagfrequenz und Fluggeschwindigkeit stehen jedoch nicht zwangsläufig in einem Zusammenhang. Die erwähnten Mücken kommen beispielsweise nur langsam voran, während die Schwärmer ihre hohen Geschwindigkeiten mit weniger als 100 Schlägen pro Sekunde erreichen und Großlibellen sogar mit nur 20 oder 30 Schlägen pro Sekunde ebenso schnell sind.

Die meisten Insekten sind ortstreu. Selbst Arten mit voll ausgebildeten Flügeln entfernen sich nur selten mehr als einige hundert Meter von der Stelle, an der sie aufgewachsen sind. Es gibt allerdings einige Ausnahmen, allen voran die Heuschrecken, die bei Nahrungsknappheit zu spektakulären Massenwanderungen aufbrechen. Die Tiere erheben sich dann zu Millionen in die Luft und können auf ihrem Weg zu neuen Nahrungsgründen buchstäblich den Himmel verdunkeln. Die nordamerikanischen Monarchfalter wandern im Herbst zu Tausenden in ihre Winterquartiere in Kalifornien, Florida und Mexiko. Einige fliegen dabei über 3000 km weit, und anders als die Heuschrecken kehren sie im Frühling wieder zurück. Viele Großlibellen unternehmen ebenfalls Massenwanderungen.

Doch Insekten halten sich keineswegs nur in der Luft auf. Die Larven haben keine funktionstüchtigen Flügel, und viele Arten fliegen nicht einmal als Imago. Neben dem Fliegen (oder stattdessen) beherrschen Insekten auch das Gehen, Kriechen, Springen, Graben, Schwimmen und sogar das »Schlittschuhlaufen«. Ihre Beine sind an die verschiedenen Fortbewegungsarten hervorragend angepasst und verraten viel über die Lebensweise ihrer Träger: Grabende Arten haben meist kräftige Vorderbeine, springende dagegen lange Hinterbeine, und behaarte Beine deuten auf ein Leben im Wasser hin. Insekten mit langen, dünnen Beinen sind fast immer gute Läufer, doch gibt es auch Ausnahmen. Gottesanbeterinnen etwa haben zwar lange Beine, sind aber recht sesshaft und bewegen sich nur dann schnell, wenn sie mit den gezähnten Vorderbeinen ihre Beute packen.

Stabiles Dreibein

DIE GOLDLEISTE *(Carabus violaceus)* ist ein flinker, flügelloser Laufkäfer, der Schnecken, Würmer und sonstiges Kleingetier erbeutet. Wie die meisten Laufinsekten bewegt er jeweils nur drei seiner sechs Beine gleichzeitig und hat mit den anderen drei – zwei auf einer Seite und eines auf der anderen – stets Bodenkontakt.

Im Kriechgang

BEI DIESER RAUPE des Indischen Mondspinners *(Actias selene)* sind die fünf Paar Bauchfüße und die drei Paar brauner Brustbeine gut erkennbar. Um sich fortzubewegen, hebt die Raupe die vordersten zwei oder vier Bauchfüße an, setzt sie weiter vorne auf, fasst neuen Halt und zieht ihren Körper, um die übrigen Bauchfüße nachzuziehen, dann wie eine Ziehharmonika zusammen. Die Bauchfüße haften dank winziger Häkchen an der Sohle fest am Untergrund (siehe Seite 36), während die Brustbeine zwar leicht zupacken können, aber bei der Fortbewegung meist keine Rolle spielen. Diese Raupe hat sich gerade gehäutet; die alte Haut ist rechts im Bild zu sehen.

Versteck im Sand

AN DEN HINTERBEINEN dieser in den Dünen der Namib lebenden Grille sitzen behaarte Lappen, die es ihr ermöglichen, über lockeren Sand zu laufen. Die anderen Beine tragen kürzere Lappen, mit denen sich die Grille im Sand eingraben kann, um der brennenden Wüstensonne zu entkommen.

Stück für Stück

DIE RAUPEN DER GROSSEN SCHMETTERLINGSFAMILIE GEOMETRIDAE (Spanner) haben, wie dieses gestreifte Exemplar, nur zwei Paar Bauchfüße, die »Nachschieber« ganz am Ende des Körpers mit eingerechnet. Ihren deutschen Namen verdankt die Familie dem »Spannen«, der typischen Fortbewegung der Raupen. Diese greifen ein Blatt oder einen Zweig mit den Bauchfüßen, strecken sich lang aus und klammern sich mit den Brustbeinen fest. Dann ziehen sie die Bauchfüße nach, indem sie den Leib zu einem hohen Bogen aufkrümmen. So kommen sie Stück für Stück voran.

Unbeholfener Flieger

IM FLUG MACHT DIE GOTTESANBETERIN *(Mantis religiosa)* keine besonders elegante Figur, und sie ist auch nicht gerade schnell. Ihre beiden Flügelpaare schlagen nicht synchron, und das bei einer Frequenz von nur rund fünf Schlägen pro Sekunde. Daher fliegen die Tiere, vor allem die kräftiger gebauten Weibchen, recht schwerfällig.

Über das Wasser gehen

WASSERLÄUFER (Familie Gerridae) können auf stehenden oder langsam fließenden Gewässern dahingleiten. Die Oberflächenspannung hält die Wassermoleküle wie eine Haut zusammen, so dass diese kleinere Objekte zu tragen vermag, solange sie nicht durchbohrt wird. Wasserabweisende Härchen an den Füßen der Wasserläufer verhindern das, dennoch drückt ihr Gewicht die Wasseroberfläche leicht ein. Die langen, mittleren Beine dienen dem Antrieb, die Hinterbeine vor allem als Steuer. Mit den Vorderbeinen packen die Tiere ihre Beute – meist ins Wasser gefallene Insekten, welche die Oberfläche kräuseln und dadurch die Wasserläufer anlocken.

Flinker Gräber

ZIKADENNYMPHEN LEBEN IM ERDREICH und saugen an den Wurzeln von Bäumen und Büschen Saft. Mit Hilfe ihrer kräftigen, gezähnten Vorderbeine gelangen sie rasch von einer Pflanze zur nächsten, und wenn man sie freilegt, graben sie sich bemerkenswert schnell wieder ein. Die amerikanische Siebzehnjahrzikade lebt bis zu 17 Jahre als Nymphe in der Erde; die Imagines treten nur in bestimmten Jahren und Regionen auf. Sie saugen mit ihrem kräftigen Rüssel Saft an Baumstämmen und Zweigen und leben nur wenige Wochen.

Tiefbauexperte

DIE MAULWURFSGRILLE *(Gryllotalpa gryllotalpa)* lebt fast ausschließlich unter der Erde. Mit ihren schaufelförmigen Vorderbeinen gräbt sie ein Tunnelsystem, das sie auf der Suche nach Würmern und Insekten durchstreift. Die Tunnel belüften zwar das Erdreich, doch wiegt dies die an den Wurzeln von Nutzpflanzen entstehenden Schäden nicht immer auf. Auch in Weinbergen können die Tiere als Schädlinge auftreten. Die Männchen kommen an warmen Sommerabenden an die Ausgänge ihrer Tunnel und »singen«. Das leise Trillern wird wie bei allen Grillen durch Aneinanderreiben der Vorderflügel erzeugt.

Kunstflieger

GROSSLIBELLEN ZÄHLEN ZU DEN SCHNELLSTEN UND GESCHICKTESTEN FLIEGERN unter den Insekten. Sie bringen es kurzzeitig auf über 70 km/h, können in der Luft »stehen« und rückwärts fliegen. Ihre vier fast gleich großen Flügel bewegen sich unabhängig voneinander, wie man hier sehen kann. Die meisten anderen Insekten verbinden ihre Flügel im Flug (siehe Seite 48) zu einer funktionalen Einheit. Großlibellen nutzen ihre Wendigkeit und ihr hervorragendes Sehvermögen, um andere Insekten in der Luft zu fangen (siehe Seite 24).

Im Landeanflug

EINE DEUTSCHE WESPE *(Vespula germanica)* setzt zur Landung auf einer Blüte an. Die Insekten scheinen nur zwei Flügel zu haben; tatsächlich aber sind die sehr kleinen Hinterflügel durch eine Reihe winziger Häkchen fest mit den Vorderflügeln verbunden (siehe Seite 48), so dass sie wie eine Einheit funktionieren. Durch die etwa 250 Flügelschläge pro Sekunde entsteht ein summendes Fluggeräusch.

Biblische Plage

WANDERHEUSCHRECKEN bilden periodisch riesige Populationen, die sich als dichte Schwärme von manchmal mehreren Milliarden Individuen erheben und wortwörtlich den Himmel verdunkeln. Wo diese großen Schrecken einfallen, fressen sie alle Pflanzen kahl. Die Tiere können frisches Grün aus großer Entfernung riechen. Wanderheuschrecken gibt es in allen warmen Regionen der Erde; die größten Schäden richtet die in Afrika und Südasien heimische Wüstenheuschrecke *(Schistocerca gregaria)* an.

Bereit zum Abheben

EIN SIEBENPUNKT *(Coccinella septempunctata)* hat seine bunten Deckflügel (Elytren) angehoben und die zarten Hinterflügel ausgebreitet, um sich von einem Grashalm zu erheben. Die Käfer brauchen zum Abheben einen etwas erhöhten »Startplatz«. Wie bei allen flugfähigen Käfern geben die Deckflügel zwar etwas Auftrieb, dienen aber vorrangig der Steuerung und Stabilisierung. An den Hinterflügeln sind deutlich die Falten zu erkennen, an denen entlang sie in Ruhe unter den Elytren zusammengelegt werden.

Vom Winde verweht

DIE ZARTEN FLÜGEL DER BLATTLAUS tragen diese zwar in die Luft, doch kann das Insekt nur bei schwachem Wind bestimmen, wohin die Reise geht. Tagsüber steigen aus den Feldern manchmal große Wolken von Blattläusen auf, die durch Aufwinde in die Höhe und dann nicht selten Hunderte Kilometer weit getragen werden – sogar über das Meer. Meist gehen sie am Abend wieder nieder, wenn keine warme Luft mehr aufsteigt. Nur wenige Blattläuse fliegen nachts.

Der entscheidende Dreh

DIESE AUFNAHME EINER SCHLUPFWESPE im Flug zeigt, dass die Flügel beim Fliegen gedreht werden, um nicht nur Auftrieb, sondern auch Vorschub zu geben (siehe Seite 84). Deutlich erkennbar ist außerdem die für viele Hautflügler typische »Wespentaille«. Alle Schlupfwespen leben parasitisch und finden ihre Wirte mit Hilfe der langen Fühler. Die gezeigte Art *(Ichneumon suspiciosus)* parasitiert in verschiedenen Raupen.

Ein feiner »Motor«

EINE TOTENUHR *(Anobium punctatum)* wurde in diesem am Computer bearbeiteten Bild im Flug festgehalten. Der Käfer hat die Deckflügel weit abgespreizt; als Antrieb dienen nur die feinen Hinterflügel. Die Larven richten als »Holzwürmer« an Häusern und Möbeln großen Schaden an. Die Imagines sind im Sommer meist an Fenstern zu beobachten, wenn sie aus Holzmöbeln oder Böden gekrochen sind und einen Weg nach draußen suchen.

Scheinbar mühelos

DIE FLÜGEL DES NACHTFALTERS *Antheraea polyphemus* überlappen auf beiden Seiten stark und wirken daher als funktionale Einheit. In der Luft vollführen die Flügel äußerst komplizierte Bewegungen – sie schlagen nicht nur auf und ab, sondern drehen sich auch und erzeugen so den nötigen Auftrieb und Vorschub, um das Insekt in der Luft zu halten. Oft berühren sich die Flügel am Ende eines Schlages. Wenn sie sich wieder voneinander trennen, entsteht zwischen ihnen für einen Sekundenbruchteil ein Unterdruck; in diesem Moment erzeugt die nach oben drückende Luft Auftrieb. Darum scheinen Schmetterlinge durch das bloße Öffnen ihrer Flügel abheben zu können.

Verwirrspiel

DAS ROTE ORDENSBAND *(Catocala nupta)* ist überwiegend grau gefärbt; das Rot blitzt nur bei geöffneten Flügeln im Flug auf. Damit irritiert der Falter Vögel, die ihn aufgestöbert haben. Die Verwirrung ist noch größer, wenn sich der Nachtfalter zu Boden fallen lässt, die Hinterflügel mit den Vorderflügeln bedeckt und so »verschwindet«.

Sonnenbaden im Flug

DIE TAGAKTIVEN SCHWEBFLIEGEN scheinen in der Luft zu stehen, bis sie plötzlich ihre Position verändern, um sich ein neues, bevorzugt sonniges Plätzchen zu suchen. Ihre Flügel schlagen dabei 100- bis 150-mal in der Sekunde und erzeugen einen tiefen Summton. Scheint die Sonne nicht, lassen sich die Tiere auf Blüten nieder. Schwebfliegen ernähren sich vornehmlich von Nektar, den sie mit schwammartigen Saugern – ähnlich dem der Stubenfliege (siehe Seite 115) – aufnehmen. Mit kleinen Zähnchen in den Saugern können sie auch Pollenkörner anbohren und zerkleinern.

Im Flug trinken

DAS TAUBENSCHWÄNZCHEN *(Macroglossum stellatarum)* ähnelt, wenn es an einer Blüte Nektar saugt, einem Kolibri, und seine schnell schlagenden Flügel erzeugen auch ein ganz ähnliches Geräusch. Der Schwebflug kostet viel Energie, weswegen sich Insekten, die im Flug Nektar trinken, meist auf besonders nektarreiche Blüten konzentrieren, hier die einer Buddleia (Sommerflieder).

Entbehrliche Beine

SCHNAKEN ODER STELZMÜCKEN wirken unbeholfen, wenn sie mit ihren in alle Richtungen ragenden langen Beinen umherfliegen. Ihre Beine bleiben häufig in Pflanzen oder Spinnweben hängen, aber das ist kein Problem: Die Tiere werfen das betroffene Bein einfach ab. Solange sie nicht mehr als drei Beine einbüßen, scheint sie das nicht zu stören. Wie alle Dipteren haben Schnaken nur ein Flügelpaar. Ihre Larven ernähren sich von Pflanzenwurzeln und richten bei Nutzpflanzen nicht selten großen Schaden an.

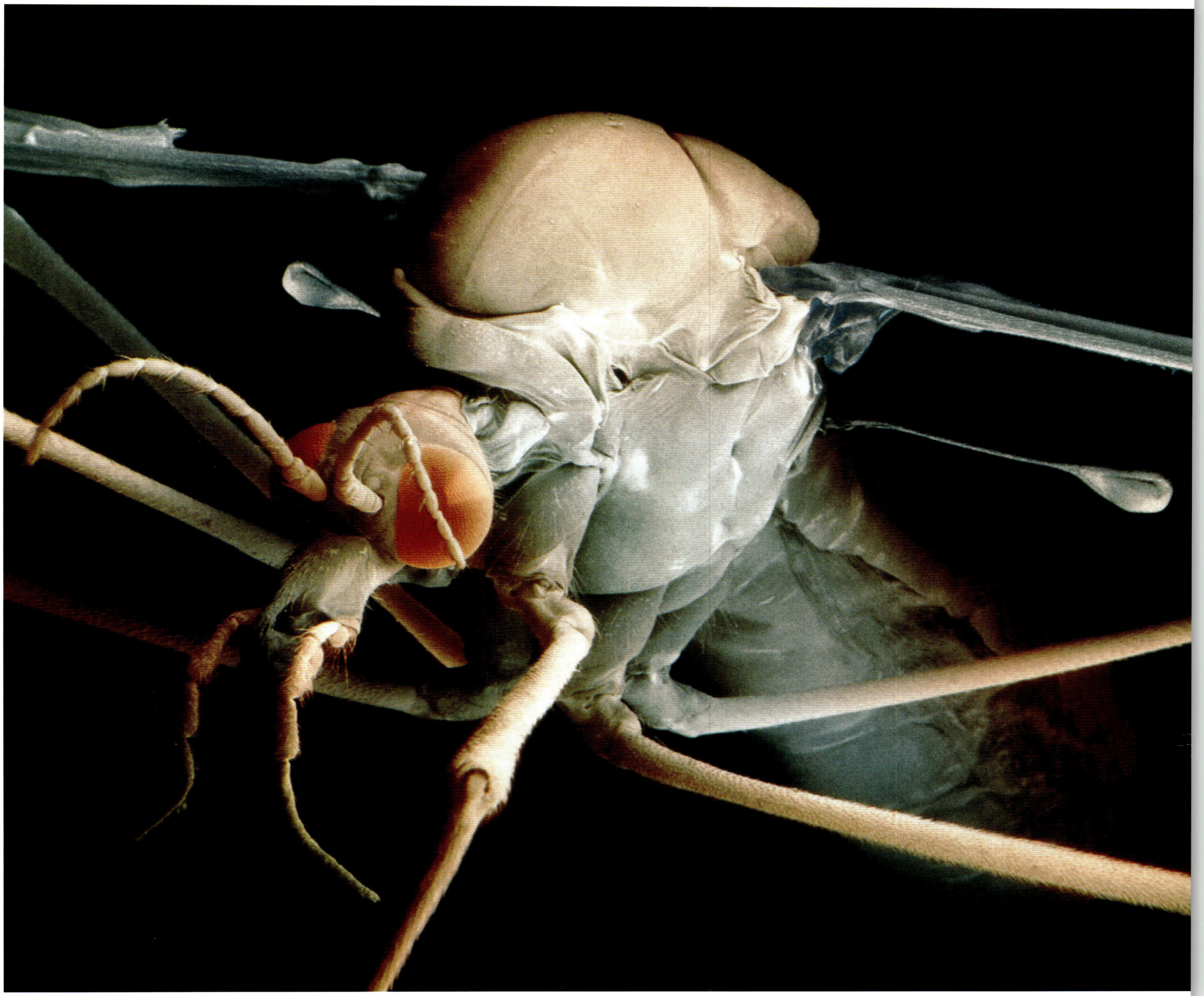

Im Gleichgewicht

DIE SCHNAKE *TIPULA MAXIMA* trägt hinten an ihrem gekrümmten Thorax zwei keulenförmige Organe, die Halteren. Das sind stark modifizierte Hinterflügel, die man bei allen Zweiflüglern findet; bei Stubenfliegen und anderen Fliegen sind sie jedoch unter kleinen Schüppchen verborgen. Die Halteren schwingen mit derselben Frequenz wie die Flügel (wenn auch nicht unbedingt gleichzeitig mit ihnen) auf und ab und dienen wahrscheinlich als Stabilisatoren, die das Insekt während des Fluges im Gleichgewicht halten. Sinnesorgane an der Basis der Halteren registrieren jede Abweichung vom Gleichgewicht, so dass die Schnake ihre Position entsprechend verändern kann.

Mit Spannkraft

FLÖHE SIND WELTMEISTER IM WEITSPRUNG, jedenfalls im Verhältnis zu ihrer Größe: Der Menschenfloh etwa schafft Sprünge von 30 cm. Das Springen mit den stark verlängerten Hinterbeinen erfolgt jedoch nicht nur mit Muskelkraft. Hauptantrieb ist ein gummiähnliches Protein, das Resilin – die elastischste Substanz, die man kennt. Nach dem Dehnen kehrt es praktisch vollständig in seine Ausgangsform zurück. Alle Insekten haben Resilin im Thorax, Flöhe aber besitzen große Mengen davon. Vor dem Sprung zieht der Floh seine Hinterbeine nach vorn und presst das Resilinpolster zusammen, um potenzielle Energie zu speichern. Entspannt er die Muskeln, springt das Resilin in seine Form zurück, streckt die Hinterbeine und katapultiert den Floh vorwärts, wie auf diesem computergenerierten Bild.

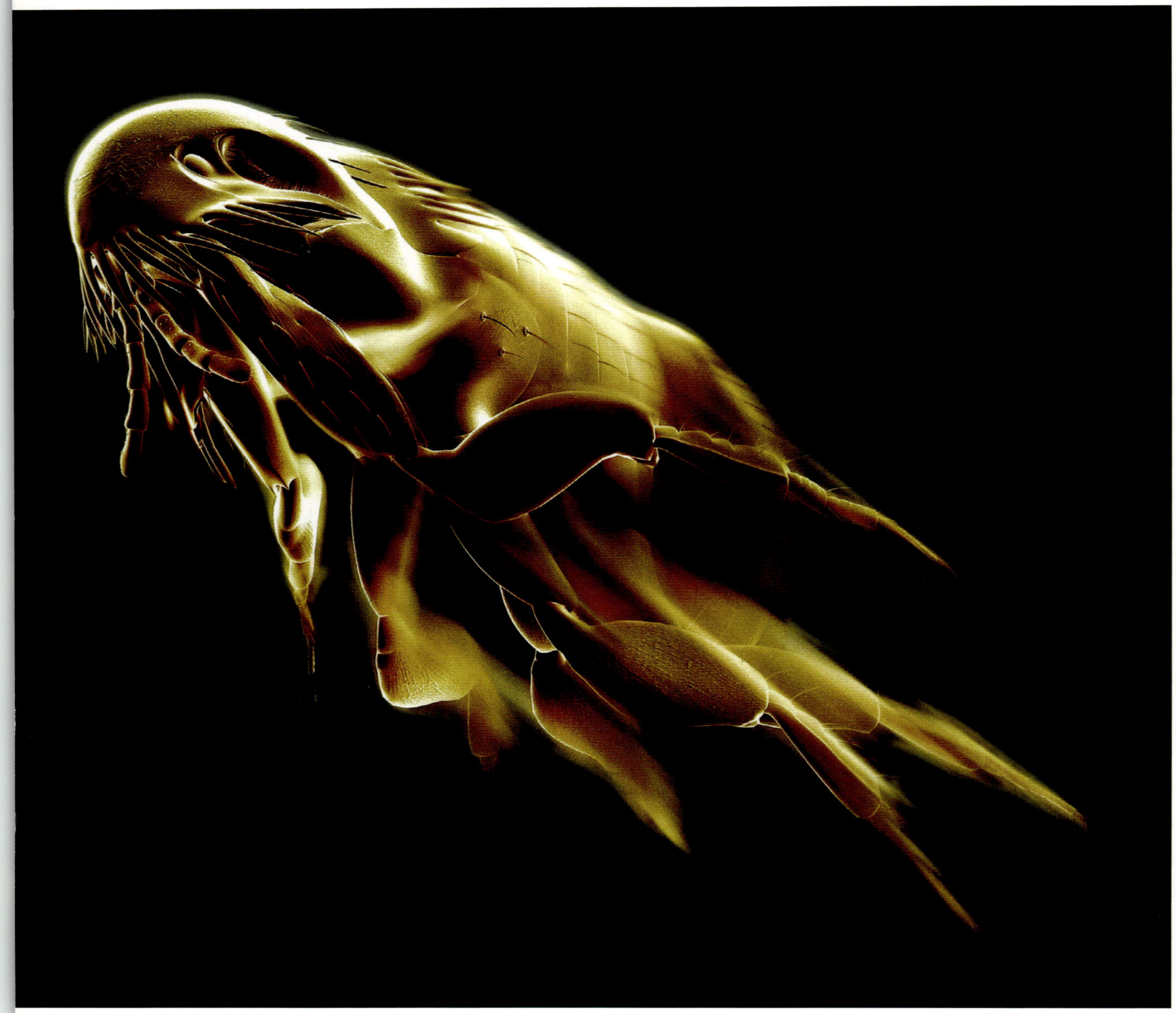

Mit Muskelkraft

HEUSCHRECKEN HABEN SEHR LANGE HINTERBEINE mit dicken Muskelpaketen an den Oberschenkeln. Ziehen sich diese Muskeln zusammen, werden die Sprungbeine gestreckt, und das Tier schnellt empor. In der Luft breiten Heuschrecken dann oft ihre Flügel aus und legen eine längere Strecke fliegend oder segelnd zurück. Manchmal landen sie auch einfach wieder auf dem Boden. Viele Schrecken haben gar keine Hinterflügel und sind flugunfähig.

Langstreckenflieger

DER NORDAMERIKANISCHE MONARCHFALTER *(Danaus plexippus)* unternimmt im Herbst fantastische Wanderungen. Manche Tiere fliegen Tausende Kilometer weit von Kanada nach Kalifornien und Mexiko, wo sie in großen Schwärmen überwintern. Im Frühling fliegen sie dann wieder nordwärts, doch sind diese Flüge weniger spektakulär, denn sie kommen nicht weit. Erst die Nachkommen der ersten und zweiten Generation gelangen wieder nach Kanada.

ERNÄHRUNG

Es gibt kein pflanzliches oder tierisches Material, sei es tot oder lebendig, das nicht von irgendeinem Insekt verspeist wird. Der Speisezettel der Insekten reicht von süßem, flüssigem Nektar bis zu hartem Holz, von Blut bis zu ausgetrockneten Knochen. Insekten sind die erfolgreichste Tiergruppe der Welt, und das verdanken sie auch ihrer Fähigkeit, unterschiedlichste Formen von Nahrung zu nutzen.

Die Mundwerkzeuge der Insekten sind je nach Ernährungsweise unterschiedlich gestaltet und bestehen im Grunde aus mehreren stark modifizierten Gliedmaßen. Zu den Insekten, die feste Nahrung zu sich nehmen, gehören u.a. die Großlibellen und Schrecken, viele Käfer und Käferlarven sowie Schmetterlingsraupen. Sie alle haben kräftige Kiefer mit scharfen, oft gezähnten Rändern, mit denen sie Nahrung zerkleinern und aufnehmen. Anders als bei Wirbeltieren befinden sich die Kiefer der Insekten noch vor der Mundöffnung; die Nahrung wird also zerkleinert, gekaut und erst dann in den Mund gesteckt. Bienen und Faltenwespen gebrauchen ihre Kiefer zudem für den Nestbau (siehe Seite 50), und einige Ameisen und Termiten benutzen sie zur Verteidigung (siehe Seite 120).

Von flüssiger Nahrung leben die Schmetterlinge, Schnabelkerfe, Flöhe und Zweiflügler. Ihre Mundwerkzeuge bilden meist schlanke Rüssel, zeigen aber im Detail große Unterschiede. So haben Schmetterlinge einen langen, röhrenförmigen Saugrüssel, um tief in Blüten verborgenen Nektar zu saugen (siehe Seite 126). Schnabelkerfe, Flöhe und viele Zweiflügler haben an Injektionsspritzen erinnernde, stechend-saugende Mundwerkzeuge, mit denen sie Pflanzensäfte oder Körperflüssigkeiten saugen (siehe Seite 23). Andere Zweiflügler nehmen einfach mit einem schwammähnlichen Tupfrüssel Nektar und andere Flüssigkeiten auf.

Pflanzenfressende Insekten erkennen ihre Nahrung vor allem am Geruch, manchmal auch an der Farbe. Raubinsekten und Blutsauger spüren ihre Beute meist mit dem Gesichts- und Geruchssinn auf, einige orientieren sich an Geräuschen und der Körperwärme ihrer Opfer. Manche Arten bauen Fallen, andere locken ihre Opfer mit Licht oder hellen Farben an, und wieder andere packen ihre Beute mit den Mundwerkzeugen oder Beinen.

Parasitische Insekten leben in oder auf anderen Organismen und ernähren sich von ihnen, ohne dafür eine Gegenleistung zu erbringen. Etwa zehn Prozent aller Insekten leben parasitisch, darunter über 100 000 Schlupfwespenarten und andere Hautflügler (siehe Seite 136), etliche Zweiflügler sowie alle Flöhe und Tierläuse. Letztere sind Ektoparasiten der Vögel und Säugetiere; Tierläuse leben durchgehend auf den Wirten, Flöhe nur als Imagines. In den meisten Fällen aber sind nur die Larvenstadien Parasiten: Schlupfwespen und andere Hautflügler etwa parasitieren als Larven im Körper anderer Insektenlarven.

Rechts: Nahrung im Überfluss

EINE HUMMEL UNTERSUCHT geschäftig eine Löwenzahnblüte. Während sie mit ihrem langen Rüssel aus der Tiefe der Einzelblüten Nektar saugt, bleiben an ihrem Pelz Pollenkörner hängen. Nektar und Pollen sind die Hauptnahrung der Hummeln. Den Nektar bringen sie im Magen ins Nest, die Pollenkörner dagegen kämmen sie regelmäßig aus ihrem Pelz und verstauen sie in den »Pollenkörbchen« an ihren Beinen (siehe Seite 99).

Geben und Nehmen

HONIGBIENEN – hier ein Exemplar auf einem Korbblütler– sind kleiner und weniger stark behaart als Hummeln. Wie diese sammeln sie Nektar und Pollen und übernehmen im Gegenzug die Bestäubung der Blüten, indem sie Pollen von einer Blüte auf der Narbe einer anderen abstreifen.

Nektardieb

RÖHRENBLÜTEN werden normalerweise von Nachtfaltern und Hummeln mit langen Saugrüsseln bestäubt, die den Nektar tief unten in der Blüte erreichen. Einige Hummeln mit kurzen Rüsseln jedoch »stehlen« den Nektar, indem sie unten in die Blüten Löcher beißen. So kommen sie nicht in Kontakt mit Staubblättern oder Narben und erweisen der Pflanze nicht den Gegendienst des Bestäubens. Hier verschafft sich eine Hummel Nektar aus einer Beinwellblüte.

Schwer beladen

DIESE HUMMEL sucht in einer Mohnblüte nach Pollen. Mohn bildet keinen Nektar, produziert aber mit vielen Staubblättern große Mengen Pollen. Der Körper der Hummel ist damit bedeckt, und auch ihre »Pollenkörbchen«, derbe Haare an den Hinterbeinen, sind schwer bepackt – die Pollenfracht wiegt manchmal halb so viel wie die Hummel selbst. Zwar transportiert sie das meiste ab, doch bleibt genug Pollen an ihrem Körper haften, um die Blüten zu bestäuben.

Getarnter Jäger

DIE AFRIKANISCHE FANGSCHRECKE *Blepharopsis mendica* verschmilzt praktisch mit der Umgebung und ist so vor Feinden – und vor ihrer Beute – verborgen. Die Anhänge an ihrem aufgebogenen Hinterleib ähneln den Blättchen der Pflanzen, auf denen sie auf Insekten lauert. Eine Fangschrecke kann den Kopf auf ihrem beweglichen Hals in fast jede Richtung drehen. Hat sie ein Beutetier entdeckt, richtet sie ihre Augen und die gezähnten Fangbeine darauf aus und packt dann blitzschnell zu. Für das Opfer gibt es aus diesem schraubstockähnlichen Griff kein Entrinnen.

Panzerknacker

DIE GOTTESANBETERIN *(Mantis religiosa)* ist ein gefräßiger Räuber. Hier hat sie eine Heuschrecke erbeutet und beginnt sofort, diese zu verspeisen. Den kräftigen Mundwerkzeugen ist auch der stärkste Insektenpanzer nicht gewachsen, und so bleibt von der Beute nur hier und da ein Flügel übrig. Die Art verdankt ihren Namen dem Umstand, dass sie die Vorderbeine wie zum Gebet faltet, während sie auf Beute lauert – eine Eigenart, die sie mit fast allen Fangschrecken teilt.

Körperpflege

NACH JEDER MAHLZEIT reinigt sich die Gottesanbeterin sorgfältig, da jede Verschmutzung ein Nährboden für Keime wäre und außerdem die Effizienz des »Fangeisens« beeinträchtigen würde. Das Bild zeigt ein Tier beim Entfernen von Nahrungsresten.

Fest im Griff

GROSSLIBELLENNYMPHEN sind aggressive Räuber und erbeuten andere Insekten, Würmer, Kaulquappen, ja selbst kleine Fische mit ihrer einzigartigen »Fangmaske«. Diese ist in Ruhe unter dem Kopf zusammengefaltet und verdeckt teilweise die übrigen Mundwerkzeuge. Die Nymphen lauern meist zwischen Wasserpflanzen oder halb im Grund verborgen auf vorbeikommende Beute, um diese dann blitzschnell zu packen. Dabei schnellt die Fangmaske vor, das Opfer wird aufgespießt und dann an die gezähnten Kiefer geführt.

Rechts: Pillendreher

DUNGKÄFER DER FAMILIE SCARABAEIDAE erfüllen die wichtige Aufgabe, die Landschaft von Exkrementen zu reinigen. Ihre berühmtesten Vertreter, die Pillendreher, formen aus dem Dung Kugeln und rollen diese an eine geeignete Stelle, um sie dort einzugraben. Die Dungpille ist nicht selten tennisballgroß und deutlich schwerer als der Käfer selbst, wird aber dennoch erstaunlich behende fortgerollt – der Käfer läuft auf den Vorderbeinen rückwärts und manövriert die Kugel mit den hinteren Beinen. Die vergrabene Pille dient entweder als einzelne Mahlzeit oder aber als Vorrat für die Larven; in diesem Fall transportiert und vergräbt ein Käferpaar die Kugel oft gemeinsam.

Totengräber

DIE KÄFER DER GATTUNG *NICROPHORUS* spüren tote Vögel und Kleinsäuger sehr schnell aufgrund ihres Geruchs auf. Der Kadaver dient weniger der eigenen Ernährung, wird vielmehr als Vorrat für die Larven vergraben. Das Vergraben beginnt aber erst, wenn zwei Individuem verschiedenen Geschlechts am Ort des Geschehens eingetroffen sind. Das Paar gräbt einen schmalen Schacht unter dem toten Tier und zieht es dann in die Erde hinab. Am Ende ruht der Kadaver ein paar Zentimeter tief in einer »Grabkammer«. Das Totengräberweibchen legt seine Eier so dicht bei ihm ab, dass die frisch geschlüpften Larven sofort zu fressen beginnen können.

Fatale Täuschung

WEIBLICHE LEUCHTKÄFER der Art *Photuris pennsylvanicus* sind wahre Sirenen: Sie locken Leuchtkäfermännchen der Gattung *Photinus* mit falschen Signalen ins Verderben. Entdeckt das Weibchen das Leuchtsignal eines *Photinus*-Männchens, antwortet es wie ein *Photinus*-Weibchen. Das Männchen landet, doch erwartet ihn kein Liebesakt – es wird von der Heiratsschwindlerin verspeist.

Langstreckensauger

DER LANGE, STARRE SAUGRÜSSEL der Hummelfliege *Bombylius major* sieht aus wie eine Waffe, doch saugt sie damit nur Nektar aus tiefen Blüten. Das tut sie scheinbar im Schwebflug; tatsächlich aber hält sie sich mit den langen, dünnen Beinen fest und schlägt weiter mit den Flügeln. Hummelfliegen (Hummelschweber) entwickeln sich parasitisch in den Nestern verschiedener solitär lebender Bienen.

Links: Furchterregender Räuber ...

DIE LARVE DES GELBRANDKÄFERS *(Dytiscus marginalis)* ist ein gefräßiger Räuber und erbeutet andere Wassertiere; selbst Molche und andere Tiere, die größer sind als sie selbst, werden angefallen. Die Larve ist dank ihrer mit Borsten besetzten Paddelbeine ein guter Schwimmer. Zwar lebt sie im Wasser, doch atmet sie atmosphärische Luft, indem sie die Spitze ihres Hinterleibs über die Oberfläche hinausstreckt. Über zwei Stigmen am Körperende gelangt dann Luft in die Atemröhren (siehe Seite 62).

... mit hohlen Kiefern

VORBEIKOMMENDE BEUTE wird von der Gelbrandkäferlarve mit gewaltigen, klauenartig gekrümmten Kiefern gepackt, die sich tief ins Fleisch bohren. Durch einen feinen Kanal in den Kiefern pumpt das Insekt ein zersetzendes Sekret in sein Opfer, das dessen Fleisch langsam verflüssigt. Diesen Saft saugt die Larve auf; vom Beutetier bleiben nur die leere Hülle und einzelne harte Körperteile übrig.

Strudelnde Larve …

DER KOPF EINER STECHMÜCKENLARVE lässt bei sehr starker Vergrößerung deutlich die Mundbürsten erkennen, mit denen sie Algen, Bakterien und andere Mikroorganismen aus dem Wasser strudelt. Stechmücken brüten in allen stehenden Gewässern, auch Gartenteichen und Regentonnen. Ihre Larven sind meist kopfüber hängend oder waagerecht schwebend dicht unter der Oberfläche zu finden. Sie atmen über ein kleines Rohr mit einer Atemöffnung (siehe Seite 62) am Ende, das aus dem Wasser ragt.

… und blutsaugende Imago

STECHMÜCKENWEIBCHEN MÜSSEN an einem Vogel oder Säugetier Blut saugen, um Eier legen zu können. Ihre Opfer spüren sie durch deren Körperwärme und die erhöhte Kohlendioxidkonzentration in ihrer Umgebung auf. Ihr kanülenartiger Stechrüssel hat zwei Kanäle; durch einen wird blutverdünnender Speichel abgegeben, durch den anderen Blut aufgesaugt. Ist die Stechmücke mit Malariaparasiten oder anderen Krankheitserregern infiziert, kann sie diese beim Stich mit dem Speichel übertragen. Darum zählen Stechmücken zu den gefährlichsten Insekten der Welt. Männliche Stechmücken können die Haut nicht durchdringen und ernähren sich von Nektar.

Tödliche »Blüte«

DIE MALAIISCHE FANGSCHRECKE *Hymenopus coronatus* sieht einer Blüte frappierend ähnlich und täuscht so ihre Beute. Meist sitzt sie unbemerkt auf rosafarbenen oder weißen Blüten und packt Insekten, die diese besuchen, mit tödlichem Griff. Ihr aufgebogener Hinterleib und die verbreiterten Beine sind Blütenblättern so ähnlich, dass Insekten die Fangschrecke sogar dann für eine Blüte halten, wenn sie auf einem Blatt sitzt.

Licht im Dunkel

DIE LARVEN DER NEUSEELÄNDISCHEN PILZMÜCKE *Arachnocampa luminosa* sitzen zu Tausenden an der Decke gefluteter Höhlen und lassen klebrige Fäden herabbaumeln. Die Larven erzeugen auf dieselbe Weise Licht wie echte Leuchtkäfer (siehe Seite 224), allerdings mit einem anderen Körperteil. Ihr Schimmern wird von den klebrigen Tropfen an den Fäden noch reflektiert und kann die ganze Höhle erleuchten. Es lockt kleine Insekten an, die an den Fäden klebenbleiben und von den Larven gefressen werden. Das Auftreten der Pilzmückenlarven – die übrigens nicht mit den Leuchtkäfern verwandt sind – ist, wie das Bild zeigt, auch eine Touristenattraktion.

Wischmopp ...

DIESE GRAUE FLEISCHFLIEGE *(Sarcophaga carnaria)* tupft mit der schwammartigen Spitze ihres Rüssels einige Safttropfen vom Tisch. Stuben- und Schmeißfliegen ernähren sich alle auf diese Weise, doch da sie Dung und Aas ebenso aufsuchen wie unsere Speisen, sind sie vor allem in warmen Ländern gefährliche Krankheitsüberträger.

… oder Tupfer?

BEI STARKER VERGRÖSSERUNG erkennt man, dass die Spitze des Tupfrüssels einer Fliege wie ein Schwamm von zahllosen kleinen Kanälen durchzogen ist. Durch sie wird flüssige Nahrung aufgesaugt und in den Mund gepumpt oder Speichel abgesondert; so wird feste Nahrung aufgelöst (siehe Seite 35).

Pilzgärtner

BLATTSCHNEIDERAMEISEN der Gattung *Atta* leben in den tropischen Regionen Amerikas. Bei Sonnenuntergang strömen sie aus ihren riesigen unterirdischen Nestern und suchen Bäume und Büsche in der Umgebung auf. Mit messerscharfen Kiefern schneiden sie Stücke von den Blättern und tragen sie ins Nest. Allerdings fressen sie die Blattstückchen nicht; kleinere Arbeiterinnen zerkauen sie zu Brei, den sie in besonderen Teilen des Nestes anhäufen. Schnell wachsen darauf winzige Pilze, die eigentliche Nahrung der Ameisen.

Leibwächter im Gepäck

MIT EINEM BLATTSTÜCK zwischen den Kiefern ist die Blattschneiderameise außerstande, sich gegen Angriffe der Scharfrichterfliege *(Apocephalus pergandei)* zu wehren, deren Larven das Gehirn der Ameise fressen, wenn sie die Möglichkeit dazu erhalten. Mehrere kleine Arbeiterinnen reiten darum auf dem Blattstück mit und greifen jede Fliege an, die auf dem Kopf der Trägerin ein Ei zu legen versucht.

Lebende Honigtöpfe

IM LEBENSRAUM VON WÜSTENAMEISEN sind Nektar und Honigtau während der Trockenzeit knapp. Bei einigen Arten werden daher Arbeiterinnen als »Speichertiere« abgestellt. Andere Arbeiterinnen versorgen diese lebenden Honigtöpfe unermüdlich mit Nahrung, während sie bewegungsunfähig, mit angeschwollenem Hinterleib in unterirdischen Kammern an der Decke hängen. In Trockenphasen geben sie wieder Nektar ab, wenn andere Arbeiterinnen sie durch Betrillern mit den Fühlern dazu auffordern. Ein Nest enthält nicht selten mehr als 1500 Honigtöpfe, die auch menschliche Wüstenbewohner zu schätzen wissen.

Langstreckentransport

BLATTSCHNEIDERAMEISEN ENTFERNEN sich oft über 100 m vom Nest, um Blätter zu sammeln. Bei mehr als fünf Millionen Individuen je Nest werden so häufig binnen kurzer Zeit große Flächen entlaubt. Beladen mit Blattstückchen marschieren die Arbeiterinnen dann in langer Reihe zurück zum Nest. Die über dem Kopf getragenen Blattstücke erinnern dabei an Sonnenschirme.

Chirurgische Instrumente

MIT IHREN GEWALTIGEN KIEFERN verteidigen Soldaten der Treiberameisen-Gattung *Eciton* vor allem Artgenossinnen bei der Futtersuche. Sie patrouillieren entlang den Transportwegen, greifen potenzielle Feinde an und verhindern, dass die kleineren Arbeiterinnen abseits des Weges in Gefahr geraten. Den schmerzhaften Biss ihrer Kiefer nutzen einige südamerikanische Völker, um Wunden zu »klammern«: Sie lassen die Ameisen in die zusammengehaltenen Wundränder beißen und schneiden ihnen dann die Köpfe ab. Die zurückgebliebenen Kiefer halten die Wunde verschlossen.

Widerstand zwecklos

TREIBERAMEISEN IN DEN TROPISCHEN REGIONEN Amerikas bilden riesige Staaten von oft mehreren Millionen Einzeltieren. Sie schwärmen in Kolonnen am Waldboden aus und überwältigen alle Tiere, die nicht rechtzeitig entkommen konnten. So töten sie sogar große Schlangen; vor allem stehen jedoch andere Insekten auf ihrem Speiseplan. Hier zerlegen Arbeiterinnen eine große Heuschrecke.

Ameisenstraßen …

AFRIKANISCHE TREIBERAMEISEN bilden gewaltige Staaten mit manchmal mehr als einer Million Individuen. Wie die amerikanischen Treiberameisen (siehe Seite 121) legen sie keine Dauernester an, sondern verlegen Brut und Königin täglich ein Stück weiter in neue Nahrungsgründe. Das Bild zeigt größere Arbeiterinnen, die in der Mitte der Kolonne die Larven tragen. Die größten Larven entwickeln sich zu geflügelten Männchen, die deutlich größer sind als die Arbeiterinnen.

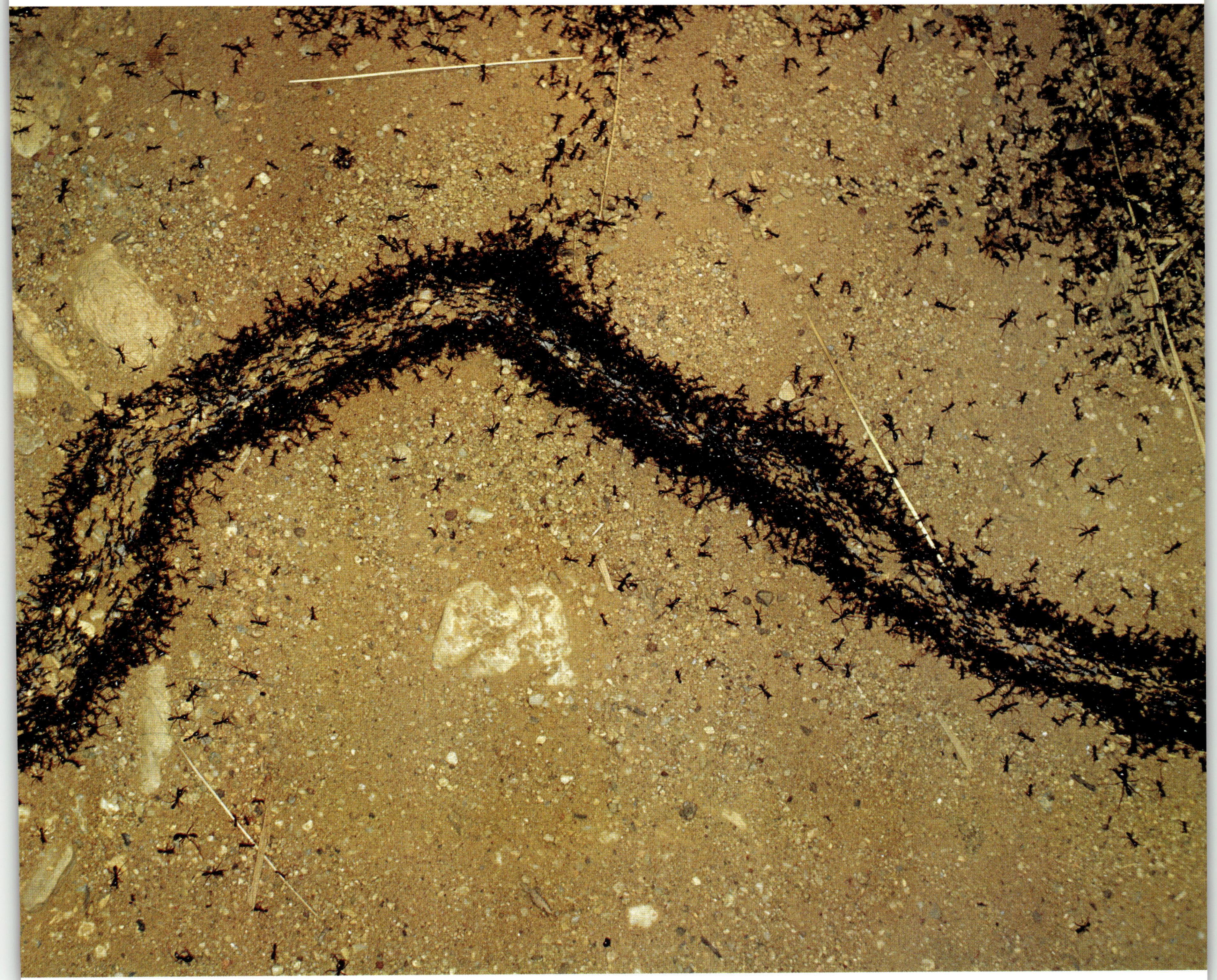

… von bis zu 500 m Länge

TREIBERAMEISEN SIND STÄNDIG AUF DER JAGD. Arbeiterinnen strömen in langen Kolonnen aus dem Nest, schwärmen aus, um Beute zu machen, und marschieren dann in der Ameisenstraße mit ihrem Fang – meist verstümmelte Insekten und andere Gliederfüßer – ins Nest zurück. Die Kolonnen werden (wie im Bild zu sehen) zum Schutz von großen Soldaten flankiert, die, wenn es kleine Wasserläufe zu überwinden gilt, sogar lebende Brücken bilden.

Blattläuse melken

AMEISEN LIEBEN SÜSSES, besonders den von Blattläusen ausgeschiedenen süßen Honigtau. Hier regt eine Ameise Blattläuse durch Betrillern mit den Fühlern dazu an, die Flüssigkeit abzugeben – sie »melkt« ihre »Milchkühe«. Die Ameisen beschützen ihre Blattläuse dafür vor Feinden und hegen sie manchmal sogar in ihren Nestern (siehe Seite 125). Blattläuse saugen ausschließlich zuckerreichen, aber proteinarmen Pflanzensaft. Um ihren Bedarf an Protein zu stillen, müssen die Läuse daher viel mehr Zucker aufnehmen, als sie brauchen. Der größte Teil wird am Körperende gleich wieder ausgeschieden: als der Honigtau, den die Ameisen so lieben.

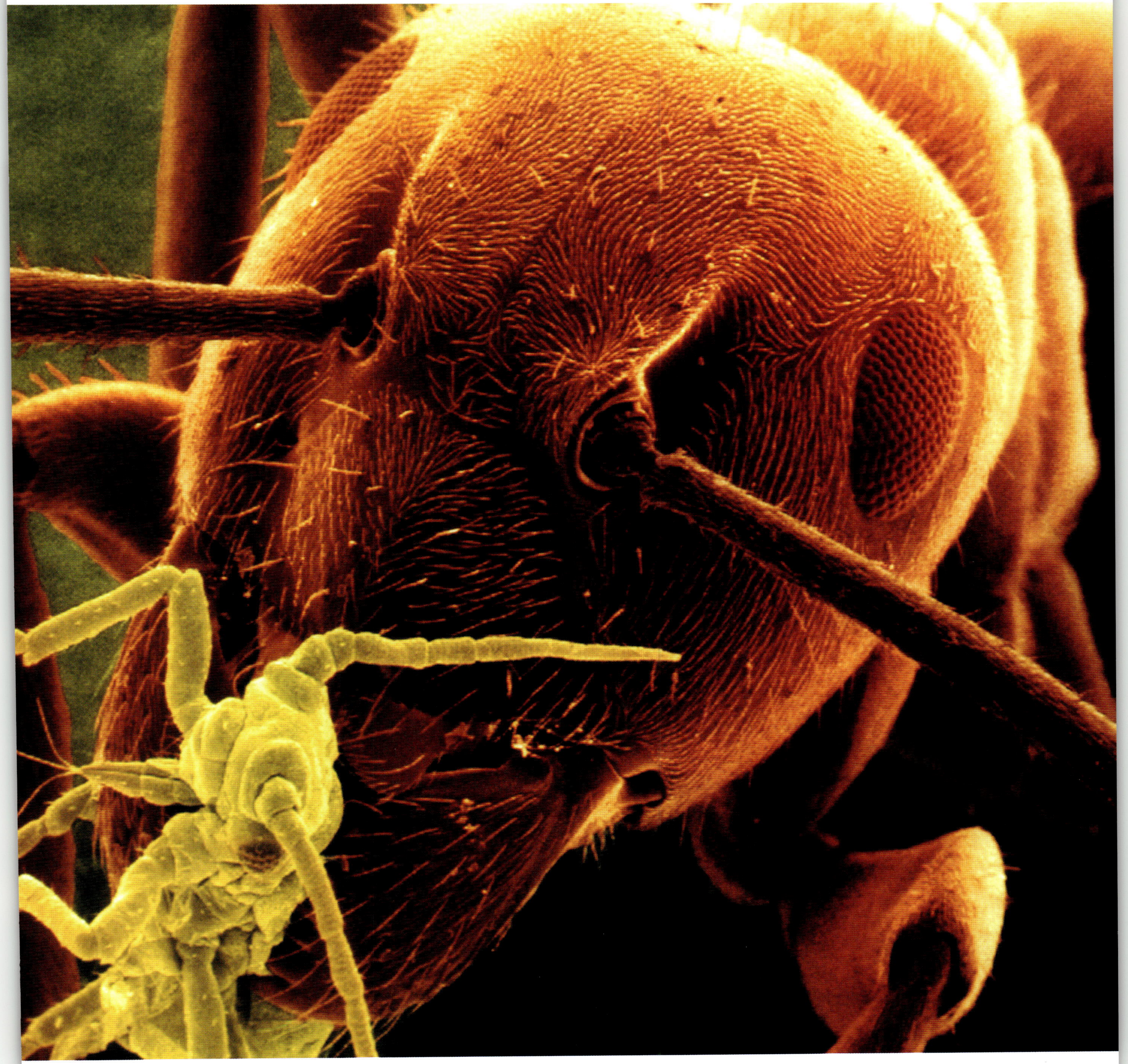

Neue Weidegründe

AMEISEN SIND SO ERPICHT AUF DEN HONIGTAU der Blattläuse, dass sie diese sogar oft zu neuen »Weidegründen« bringen. Im Bild eine Schwarze Wegameise *(Lasius niger)*, die eine junge Blattlaus trägt. Sie setzt die Blattlaus an eine neue Pflanze, wo sie reiche Nahrung findet. Manche Ameisen errichten sogar »Ställe« für ihre Blattläuse, indem sie rund um die Futterpflanze Erde aufhäufen; andere hegen Blattläuse in ihren Nestern, wo diese an Wurzeln und anderen unterirdischen Pflanzenteilen saugen.

Sondieren des Angebots

DER SAUGRÜSSEL DER SCHMETTERLINGE hat etwa in der Mitte ein bewegliches Gelenk, so dass das Tier in benachbarten Blüten oder Einzelblüten nach Nektar fahnden kann, ohne auffliegen zu müssen – das spart kostbare Energie und sorgt dafür, dass es nicht unnötig Aufmerksamkeit auf sich lenkt. Die meisten Schmetterlinge suchen nach Nektar mit einem Zuckeranteil von 20–35 Prozent. Zuckerärmerer Nektar liefert zu wenig Energie, bei einem höheren Anteil ist er zu dickflüssig und lässt sich schlecht aufsaugen.

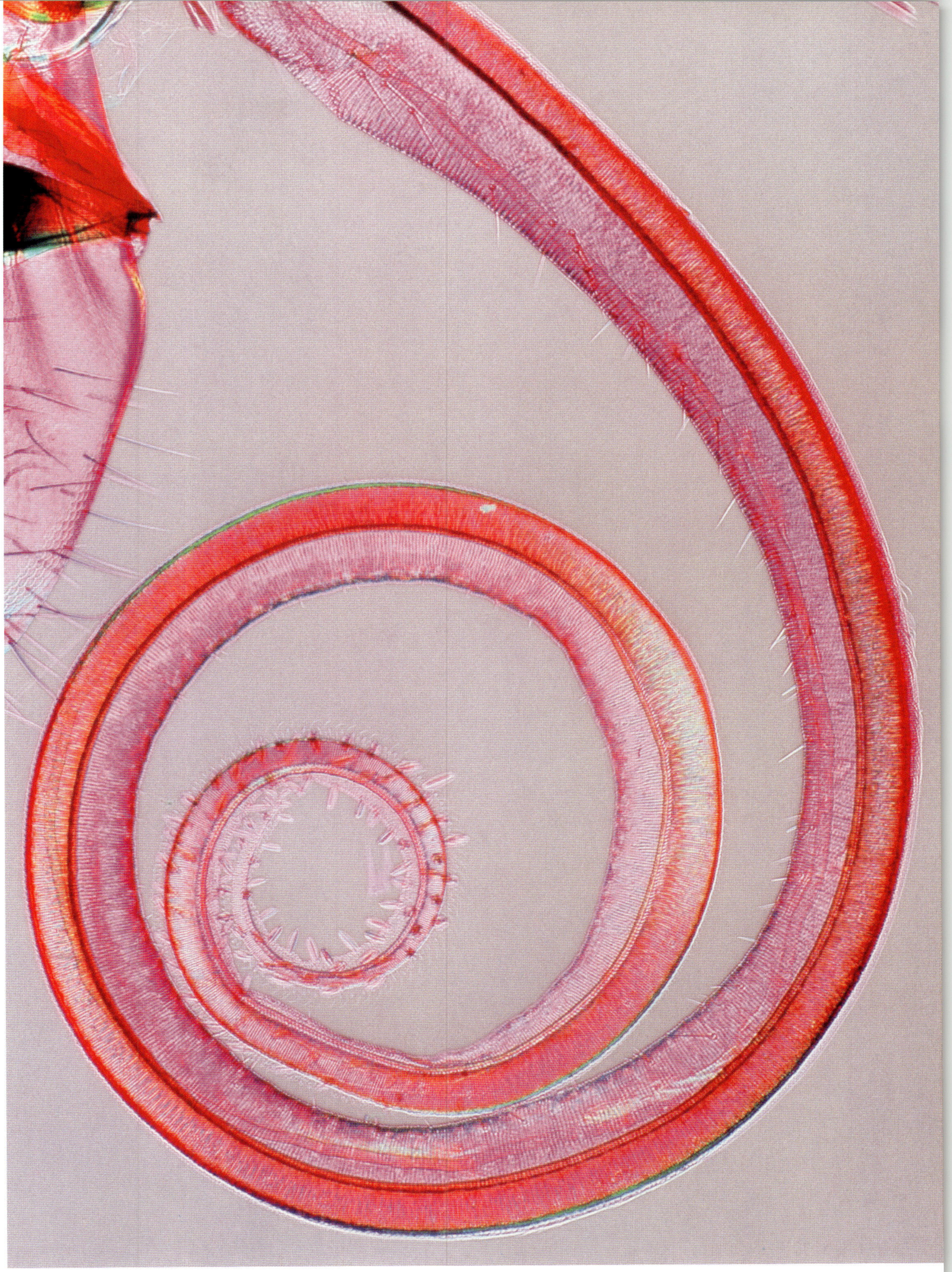

Säuberlich aufgerollt

EIN SCHMETTERLINGSRÜSSEL ist oft mehrere Zentimeter lang. Er besteht aus zwei Teilen – vergleichbar winzigen Regenrinnen –, die der Schmetterling gleich nach dem Schlüpfen aus der Puppe zu einem Saugrohr zusammenfügt. Beide Teile enthalten Muskeln und Nerven sowie Tracheen für die Sauerstoffversorgung. Durch Muskelkraft und einströmendes Blut wird der Rüssel zum Saugen entrollt; entspannen sich die Muskeln, rollt er sich von selbst wieder auf (siehe Seite 32–33).

Fette Beute

DIESE SANDWESPE der Art *Ammophila sabulosa* hat eine große Raupe durch einen Stich gelähmt und zieht sie nun in ihr Nest. Da die Raupe nicht tot, sondern nur gelähmt ist, verwest sie nicht und dient der Wespenlarve bis zum Ende ihrer Entwicklung als lebender Vorrat. Kleinere Raupen trägt die Wespe fliegend zum Nest, größere aber schleppt sie über Entfernungen von bis zu 50 m herbei; das zeugt von ihrem hervorragenden Orientierungssinn.

Bei Imkern unbeliebt

DER BIENENWOLF *(PHILANTHUS TRIANGULUM)*, eine Grabwespe, hat sich auf Honigbienen spezialisiert, die er an Blüten fängt, mit einem Stich betäubt und zu seinem meist in sandigem Boden befindlichen Nest schleppt. Jeder Bienenwolf schafft zehn bis zwölf Bienen als Nahrung für seine Larven herbei; in großer Zahl können die Tiere daher Bienenbestände schädigen. Zum Nest zurückkehrende Wespen werden oft von winzigen Trabantenfliegen begleitet, die versuchen, selbst Eier oder Larven auf der Honigbiene abzulegen. Die Fliegenlarven entwickeln sich schnell und reifen heran, bevor die Wespenlarve viel von der Honigbiene fressen kann.

Die Kleinsten

EINIGE DER KLEINSTEN INSEKTEN SIND EIPARASITEN, die in Eiern anderer Insekten heranwachsen. Viele von ihnen sind Hautflügler der Überfamilie Chalcidoidea (Erzwespen). Das Bild zeigt eine größere Erzwespenart bei der Eiablage in ein Ei der Kohleule. Ihre Larve ernährt sich vom Schmetterlingsei und verpuppt sich auch darin. Einige Erzwespen, die Zwergwespen (Mymaridae), haben gefiederte Flügel und eine Spannweite von höchstens 1 mm.

Nährschlamm

AN MORASTIGEN STELLEN finden sich oft Schmetterlinge ein, um mit ihren langen Rüsseln im Boden zu stochern. Dieses Verhalten zeigen fast ausschließlich männliche Tiere: Es dient der Aufnahme von Natriumsalzen, die sie für die Bildung ihrer Spermatophoren (Samenpakete) brauchen. Diese werden bei der Begattung an die Weibchen weitergegeben. Besonders in trockenen Regionen, wo feuchte Erde meist auf Flussufer und Gebirgsabläufe beschränkt ist, kommen oft viele Schmetterlinge an einem Schlammloch zum Trinken zusammen. Dieses Verhalten ist bei vielen Arten zu beobachten, besonders häufig jedoch bei Bläulingen.

Nebeltrinker

ONYMACRIS UNGUICULARIS ist eine Schwarzkäferart, die in den Sanddünnen an der südwestafrikanischen Küste lebt. Regen fällt hier kaum, doch die regelmäßig vom Meer hereinziehenden Nebel liefern den Käfern das lebenswichtige Wasser. Die Insekten stellen sich mit dem Kopf nach unten auf und recken ihren Körper in den Küstenwind. Der Nebel kondensiert daran, das Wasser rinnt hinunter zum Kopf und wird von den Kiefern aufgefangen. Die Tiere können so fast die Hälfte ihres Körpergewichts an Wasser aufnehmen.

Dieb im Spinnennetz

SKORPIONSFLIEGEN (Gattung *Panorpa*) sind Allesfresser und stehlen oft tote Insekten aus Spinnennetzen. Diese hier tut sich an einer Kleinlibelle gütlich. Den Tieren droht von den Netzen keine Gefahr, denn sie können die Fäden mit ihrem Speichel auflösen, der gleichzeitig die meisten Spinnen abschreckt. Es wurde sogar beobachtet, dass Skorpionsfliegen kleinen Spinnen, die ihnen zu nahe kamen, einen Schlag mit dem Hinterleib versetzten. Man findet die Insekten häufig paarweise in Spinnennetzen, da ein Männchen meist ein Weibchen anlockt, wenn es Nahrung entdeckt hat.

Räuber im Sand

DIE LARVE DER AMEISENJUNGFER *Palpares libelluloides* lebt auf Sand und lauert mit ihren kräftigen, gezähnten Kiefern an der Oberfläche. Die Borsten an ihrem Körper registrieren jede Vibration. Kommt ein anderes Insekt in Reichweite, schlägt die Larve blitzschnell ihre hohlen Kiefer hinein und saugt ihr Opfer aus. Einige Larven von Ameisenjungfern (»Ameisenlöwen«) graben Fangtrichter in lockeren Boden und warten darin auf hineinfallende Ameisen und andere Insekten. Adulte Ameisenjungfern ähneln Libellen, sind aber schlechtere Flieger und haben kurze, keulenförmige Fühler.

Metallischer Bohrkopf

DER LEGEBOHRER VON SCHLUPFWESPEN der Gattung *Megarhyssa* ist oft länger als das Insekt selbst. Die Schlupfwespe bohrt ihn tief in einen Baumstamm und legt ihr Ei an eine Holzwespenlarve, die sie zuvor am Geruch, vielleicht auch anhand von Geräuschen aufgespürt hat. Die Scheide des Legebohrers bringt ihn in Position und wird hoch aufgebogen, um die Eiablage nicht zu stören. Der Bohrer ist kaum dicker als ein menschliches Haar, dringt aber dank metallischer Einlagerungen in der Spitze leicht durch Holz. Das Ei wird bei der Passage verformt, nimmt aber nach der Ablage wieder seine Ursprungsform an.

Bei lebendigem Leibe

KOKONS WINZIGER PARASITISCHER BRACKWESPEN (Familie Braconidae) umgeben ihren toten ehemaligen Wirt – die Raupe eines Großen Wiesenvögelchens *(Coenonympha tullia)*. Nachdem das Brackwespenweibchen seine Eier in der Raupe abgelegt hatte, fraßen sich die Larven durch sie hindurch, wobei sie lebenswichtige Organe bis zuletzt verschonten. Schließlich bohrten sie sich durch die Haut ihres Wirtes und spannen ihre seidenen Kokons. Brackwespen parasitieren an nahezu allen Schmetterlingsarten.

TARNUNG UND VERTEIDIGUNG

Ein Insekt muss nicht nur bei der Nahrungsbeschaffung erfolgreich sein, es muss auch dafür Sorge tragen, dass es am Leben bleibt, bis es Nachkommen in die Welt setzen kann – der eigentliche Daseinszweck aller Lebewesen. Und bis dahin muss es sich der Angriffe zahlloser Feinde erwehren. Vögel, Echsen, Amphibien, Fische, Kleinsäuger, Spinnen und andere Insekten stellen eine ständige Gefahr dar, von den Parasiten ganz zu schweigen. Letztere sind häufig selbst Insekten, vor allem Zweiflügler und Hautflügler, deren heimtückische Methoden wir schon kennengelernt haben.

Insekten verteidigen sich mit »Körpereinsatz« und chemischen Waffen verschiedenster Art. Vielen, besonders den Käfern, genügt schon ein harter Panzer; ist dieser mit Dornen oder Stacheln besetzt, schützt er umso besser vor dem Gefressenwerden. Manche gepanzerten Insekten halten einfach still und warten ab, bis ihre Feinde aufgeben. Andere setzen sich energischer zur Wehr. So haben Heuschrecken und Grillen mit Dornen besetzte Beine, mit denen sie nach Angreifern schlagen. Einige Ameisen und Termiten benutzen ihre großen Kiefer als Waffen, und selbst Blattläuse sind nicht ganz wehrlos – sie strampeln mit den Beinen und sondern ein wachsartiges Sekret ab, das die Kiefer ihrer Feinde verklebt. Gleichzeitig geben sie flüchtige Stoffe (Pheromone) ab, die andere Blattläuse vor der Gefahr warnen und fernhalten.

Übler Geschmack oder Geruch wird ebenso als chemische Waffe eingesetzt wie abstoßend riechende oder Blasen erzeugende Wehrsekrete. Viele Bienen, Wespen und Ameisen verteidigen mit Stacheln nicht nur sich selbst, sondern ihren ganzen Staat. Gleichzeitig setzen sie Warnstoffe frei, die weitere Tiere desselben Staates an den Ort des Geschehens rufen. Die Dornen und Haare vieler Raupen sind mit Giftdrüsen verbunden, deren Sekret jeden Versuch, sie aufzunehmen, zu einer schmerzhaften Erfahrung macht.

Die Herstellung von Giften und Wehrstoffen kostet viel Energie, darum setzen Insekten sie meist nur frei, wenn sie wirklich in Bedrängnis sind. Energiesparender ist es, Feinde vor den möglichen Folgen einer Attacke zu warnen. Das tun die meisten Giftinsekten mit leuchtenden Farben (oft Rot-Schwarz oder Gelb-Schwarz) und kräftigen Mustern. Junge Raubfeinde mögen sich ein- oder zweimal an diesen Insekten vergreifen, doch bringen sie die Warnfarben schnell mit der unangenehmen Erfahrung in Verbindung und halten dann Abstand. Ein leuchtend oder auffällig gefärbtes Insekt ist jedoch nicht zwangsläufig giftig. Viele harmlose Arten haben ähnliche Farben entwickelt wie die giftigen Arten und schützen sich auf diese Weise. Diese »Mimikry« ist besonders ausgeprägt bei tropischen Schmetterlingen und vielen Schwebfliegen (siehe Seite 193).

Am sichersten lebt man zweifellos, wenn man gar nicht erst entdeckt wird. Die meisten Insekten setzen daher auf Tarnung als Fraßschutz. Fangschrecken und einige andere räuberische Insekten tarnen sich ebenfalls, um sich vor ihrer Beute zu verbergen. Die einfachste Form der Tarnung, die Krypsis, beruht auf Farben, die mit der Umgebung verschmelzen und das Insekt optisch »verschwinden« lassen. Gute Beispiele sind Heuschrecken, die im Gras oder auf

Gestein kaum zu entdecken sind, oder Raupen, die mit dem umgebenden Blattwerk eins zu werden scheinen. Einige Nachtfalter, die tagsüber auf Baumstämmen sitzen, ähneln dem Untergrund so sehr, dass sie sich oft sogar dem geübten Blick des Entomologen entziehen. Vielfach sind diese Tiere kontrastreich gestreift oder gefleckt, so dass ihre Flügelkonturen verschwimmen und sie noch schwerer auszumachen sind.

Bei anderen Insekten geht die Tarnung noch einen Schritt weiter, indem sie ihre Umgebung – Zweige, Blätter, ja sogar Vogelkot – nachahmen. Insekten mit einer solchen Schutztracht mögen gut sichtbar sein, sind aber dennoch sicher, weil sie Dingen ähneln, für die sich ihre Raubfeinde nicht interessieren. Krypsis und Schutztracht lassen sich nicht scharf voneinander trennen, der Übergang ist fließend, und es gibt etliche Zwischenstufen. Die Schutztracht wird manchmal auch Mimikry genannt; diese Bezeichnung aber beschränkt man besser nur auf solche Fälle, in denen sich Tiere durch Nachahmen gefährlicher Arten schützen (siehe oben). Diese Nachahmer ziehen mit leuchtenden Farben Aufmerksamkeit auf sich, während die Schutztracht gerade das vermeiden soll.

Zahlreiche Insekten verfügen über verschiedene Formen von Augenflecken, um ihre Feinde zu täuschen. Bei vielen Nachtfaltern und Laubheuschrecken finden sich auf den Hinterflügeln große Augenflecken, die aussehen wie die Augen einer Katze oder eines anderen Säugetiers. Sie sind meist verborgen; fühlt sich das Insekt gestört, öffnet es die Flügel und präsentiert die »Augen« – ein Bluff, der funktioniert. Vögel ziehen sich in der Regel erschrocken zurück, nur wenige wagen es, dennoch anzugreifen. Kleinere Augenflecken am Rand der Flügel lenken bei vielen Schmetterlingen die Aufmerksamkeit vom Kopf auf die entbehrlichen Flügelspitzen; andere Insekten wiederum präsentieren an ihrem Hinterende ein »Gesicht« (siehe Seite 154). Angreifer reagieren verwirrt, wenn sich ihre Beute in die »falsche« Richtung bewegt.

All diese Beispiele lassen sich mit dem Prinzip der natürlichen Selektion erklären, dem Überleben des am besten Angepassten. Jede Generation ist ein wenig anders; die Insekten variieren in Farbe oder Form, oder sie nehmen eine etwas andere Ruheposition ein. Varianten, die leichter erkannt werden, werden von ihren Fraßfeinden ausgemerzt, jeder noch so kleine Vorteil erhöht dagegen die Chance auf ein langes Leben und eine erfolgreiche Fortpflanzung und wird somit an die nächste Generation weitergegeben. Mit jeder Generation sorgen Variation, natürliche Selektion und das Überleben des am besten Angepassten für die erstaunlichen Formen, die wir heute sehen – oder eben *nicht* sehen.

Eine Schlange, die keine ist

DIESE »SCHLANGE« IST EINE HARMLOSE RAUPE der Gattung *Hemeroplanes* aus Costa Rica. Das meist kopfüber ruhende Tier zieht bei Beunruhigung Kopf und Beine ein, bäumt sich auf und präsentiert seine frappierend an eine Schlange erinnernde Unterseite, die sogar »Schuppen« und große, glänzende »Augen« hat. Viele Raupen haben Augenflecken. Um den schlangenähnlichen Eindruck noch zu verstärken, richten sie sich oft auf und schnellen vor.

Schlafendes Blatt

DER ZITRONENFALTER *(Gonepteryx rhamni)* hält die Flügel in Ruhe stets geschlossen und verlässt sich darauf, dass seine stark geäderten, blattähnlichen Flügelunterseiten ihn im Laub tarnen. Die Flügeloberseite des Weibchens ist grünlichweiß, die des Männchens dagegen leuchtend gelb; mit geöffneten Flügeln würde es daher sehr auffallen. Die Imagines leben bis zu einem Jahr und verbringen den Winter schlafend, meist in immergrünen Sträuchern oder Bäumen, wo sie nicht auffallen.

So gut wie unsichtbar

DIESE LAUBHEUSCHRECKE des Amazonasregenwaldes hat so große Ähnlichkeit mit einem Grashalm, dass sie auch aus nächster Nähe kaum zu erkennen ist. Körper und Beine sind grasgrün, und die Flügeladern erinnern stark an Blattadern. Nur die Augen verraten, dass es sich um ein Insekt handelt. Eine solche Ähnlichkeit von Tieren mit Pflanzen nennt man auch Phytomimese.

Stöckchen spielen

DIE RAUPE DES DOPPELMONDSPANNERS *(Selenia dentaria)* ist leicht mit einem Ästchen zu verwechseln – allerdings nur in ihrer typischen Ruheposition. Dabei klammert sie sich mit den hinteren Beinen fest und richtet den Körper in demselben Winkel auf wie die umgebenden Zweige. Dies tut sie nicht nur mit Muskelkraft; ein Seidenfaden zwischen dem Zweig und ihrer Mundöffnung gibt zusätzlichen Halt. Warzenähnliche Fortsätze am Körper erinnern an Knospen und machen die Täuschung perfekt.

Traue deinen Augen nicht!

DIE BLATTSCHRECKE *Typophyllum lunatum* aus dem Amazonasgebiet sieht einem Blatt so ähnlich, dass sie den ganzen Tag exponiert auf Pflanzen verbringen kann und dennoch keinen Angriff fürchten muss. Mit ihrer Farbe und ihren Flügeladern gleicht sie dem umgebenden Laub vollkommen: Der gezackte Rand sieht angeknabbert aus, helle Flecken imitieren kleine Schäden, und manchmal schaukelt das Insekt auf seinen langen Beinen sogar wie ein Blatt im Wind.

Totes Blatt – oder lebender Falter?

DIE RUHESTELLUNG DER KUPFERGLUCKE *(Gastropacha quercifolia)* ist ziemlich ungewöhnlich: Der Falter legt seine Hinterflügel flach an und stellt die Vorderflügel darüber dachartig auf. Ob es nun am Boden oder auf einer Pflanze sitzt – die eingekerbten Flügelränder und die kräftigen Adern verleihen dem Tier erstaunliche Ähnlichkeit mit einem dürren Blatt. Der Vorderrand seiner Vorderflügel gleicht der Mittelrippe eines Blattes, und die wie ein Blattstiel hervorstehenden Palpen vervollkommnen die Täuschung.

Doppelt abgesichert

DER MONDVOGEL *(Phalera bucephala)* ruht meist am Boden und legt dabei seine silbriggrauen Flügel eng an den Körper. Mit seinem hellbraun behaarten Thorax und den hellen Flügelspitzen ähnelt er einem trockenen Zweig, dem kaum ein Raubfeind Aufmerksamkeit schenken würde. Bei Störungen feuert er einen Kotstrahl auf den Angreifer. Seine Raupe frisst an verschiedenen Baumarten und hat einen abstoßenden Geschmack, den sie mit ihrer kräftigen, schwarzroten Färbung kundtut.

Eine gute Wahl

AUF DEN ERSTEN BLICK ist die Pfeileule *(Acronicta psi)* kaum zu erkennen, weil sie mit der von Flechten bewachsenen Baumrinde nahezu verschmilzt. Versuche ergaben, dass Nachtfalter und andere Insekten instinktiv einen den eigenen Farben entsprechenden Untergrund aufsuchen und nur selten auf andersfarbigen Flächen landen.

Du siehst mich, du siehst mich nicht

WIE VIELE SEINER VERWANDTEN zeigt auch der Rotbindige Samtfalter *(Arethusana arethusa)* zunächst die Augenflecken an seinen Flügelspitzen, wenn er irgendwo landet. Fühlt er sich sicher, senkt er die Vorderflügel, so dass die Augenflecken verdeckt sind. So fügt er sich optisch in trockenes Gras oder sonstige Vegetation ein und ist nur schwer zu entdecken. Um keinen großen Schatten zu werfen, wendet er sich nicht selten sogar der Sonne zu.

Elfenhafte Erscheinung

DURCHSICHTIG WIE GLAS sind die Flügel dieses Tagfalters der Gattung *Greta*. Er kommt vor allem in den Wäldern tropischer Regionen Amerikas vor und ist leicht zu übersehen. Die durchsichtigen Flügel tragen nur sehr wenige Schuppen und machen die Tiere an Blüten und Pflanzen fast unsichtbar.

Auf Nummer sicher

DIE FEUERWANZE *(Pyrrhocoris apterus)* braucht sich nicht zu verstecken. Sie verlässt sich zur Abwehr von Feinden auf ihre Warnfarben, deren Wirkung noch dadurch verstärkt wird, dass sich die Tiere – angezogen von chemischen Lockstoffen – in großen Gesellschaften am Boden oder an Pflanzen zusammenfinden, um Nahrung aufzunehmen und sich zu paaren. Es gibt allerdings Kröten und Vögel, die die Warnung ignorieren und sich einfach über die Wanzen hermachen. Ein chemisches Warnsignal veranlasst diese in solchen Fällen auseinanderzulaufen, so dass nicht alle gefressen werden.

Eine dornige Sache

BUCKELZIKADEN (hier die Art *Umbonia crassicornis*) sind oft mit spitzen Dornen bewehrt und sehen echten Dornen täuschend ähnlich, vor allem wenn sie zu mehreren an einem Zweig sitzen. Die meisten Feinde fallen darauf herein, doch selbst wenn dies nicht der Fall ist, halten sie sich wohlweislich von den dornigen Gesellen fern.

Wo ist hier vorne?

DER AFRIKANISCHE SCHMETTERLING *Hypolycaena lebona,* ein Bläuling (Familie Lycaenidae), ist einer von zahlreichen Faltern, deren Hinterflügel wie ein Kopf gestaltet sind. Diese Art hat sogar fadendünne Anhänge, die wie Fühler aussehen. Die Schmetterlinge lenken durch Bewegen der Hinterflügel die Aufmerksamkeit auf ihren falschen »Kopf«. Ein Vogel, der solch einen Falter entdeckt, pickt unweigerlich nach dem auffälligen Augenfleck am falschen Ende und erwischt nicht mehr als ein entbehrliches Stückchen Flügel, während das Insekt in eine ganz andere Richtung flieht. Diese Art der Täuschung findet sich auch bei etlichen Pflanzensaugern und Käfern.

Finsterer »Blick«

DAS KLEINE NACHTPFAUENAUGE *(Saturnia pavonia)* ist vollkommen harmlos. Mit dem Kopf nach unten in einem Baum oder Strauch sitzend kann es einen kleinen Vogel jedoch gehörig erschrecken, haben sein dunkler Rücken und die großen Augenflecken doch starke Ähnlichkeit mit dem Gesicht einer Katze oder eines anderen Räubers.

Falscher Augenaufschlag

IN RUHESTELLUNG ist das Abendpfauenauge *(Smerinthus ocellata)* auf Baumrinde bestens getarnt (ganz oben), bei Störungen aber behilft es sich mit einem Überraschungseffekt: Es hebt die Vorderflügel und zeigt die realistischen Augenflecken auf den Hinterflügeln (oben). Manchmal lässt es sich auch fallen, präsentiert aber weiterhin die Augenflecken und hebt und senkt oft noch den Leib, um den Effekt zu steigern. Kleine Vögel wähnen sich einer Katze oder Eule gegenüber und suchen erschrocken das Weite.

Verschwimmende Formen

DER WALDREBENSPANNER *(Horisme vitalbata)* ist auf Baumrinde kaum zu entdecken, weil die kontrastreichen Streifen auf seinen Hinterflügeln von seiner Silhouette ablenken und die Körperform verschwimmen lassen. Diese Wirkung lässt sich jedoch nur in der richtigen Position erzielen. Das Tier sitzt darum meist quer zum Stamm, so dass das Flügelmuster mit den Furchen in der Rinde verschmilzt. Längs zum Stamm sitzend würde der Spanner schon von weitem auffallen.

Drohende Haltung

WENN DIE GOTTESANBETERIN *(Mantis religiosa)* in einer Pflanze sitzt oder auf Beute lauert, übersieht man sie leicht. Wird sie aber von einem Raubfeind entdeckt, nimmt sie sofort eine Drohstellung ein. Sie hebt die gezähnten Vorderbeine, zeigt ihre Augenflecken und macht sich durch Aufstellen der Flügel größer, als sie tatsächlich ist. Gleichzeitig erzeugt sie durch Reiben des Hinterleibes an den starren Flügeln ein zischendes Geräusch. Nur sehr beherzte Räuber lassen sich von diesem Bluff nicht abschrecken.

Auffallend unauffällig

DIESE MITTELAMERIKANISCHE FANGSCHRECKE täuscht mit ihrem blattähnlichen Äußeren nicht nur Feinde, sondern auch ihre Beute. Der stark verbreiterte Halsschild und die sanft gerundeten Flügel verleihen dem Tier große Ähnlichkeit mit einem angefressenen Blatt. Die zarten Flügeladern gleichen denen der umgebenden Blätter. Säße die Fangschrecke in Längsrichtung des Blattes statt quer dazu, wäre die Täuschung perfekt.

Rechts: Mit aufgerissenen Augen

DIE SÜDAMERIKANISCHE LAUBHEUSCHRECKE *Pterochroza ocellata* sieht in Ruhe wie ein trockenes Blatt aus. Ihre Feinde aber schreckt sie ab, indem sie die Flügel anhebt und die großen Augenflecken auf den Hinterflügeln präsentiert. Im Versuch zeigte sich, dass die meisten Vögel und viele kleinere Tiere auf plötzlich aufblitzende Farben, besonders runde Flecke, erschrocken reagieren; je augenähnlicher die Flecken, desto größer der Schreck. So ließ die natürliche Selektion bei einigen Insekten unglaublich echt wirkende »Augen« entstehen.

Lebender Stein

DIESE NAMIBISCHE HEUSCHRECKE imitiert mit ihrer gedrungenen Statur nahezu perfekt die Steine am Boden ihrer Wüstenheimat. Eine solche Tarnung zeichnet viele Heuschrecken und andere Wüsteninsekten aus.

Wie von einem anderen Stern

DIESES FREMDARTIG ANMUTENDE WESEN ist kein Zweig und auch keine Stabheuschrecke, sondern eine flügellose, ganz an das Leben im Regenwald angepasste Heuschrecke. Sie gehört zur nur in Südamerika vertretenen Familie der Falschen Stabschrecken (Proscopiidae); typisch für sie ist der lange, spitze Kopf mit den weit oben sitzenden Augen.

Imitationskünstler

ZWEI MÄNNLICHE HEUSCHRECKEN versuchen, sich mit dem Weibchen in der Mitte zu paaren. Die Tiere sehen aus wie dürre Blätter. Heuschrecken legen eine enorme Formenvielfalt und verschiedenste Verhaltensweisen an den Tag, die ihnen das Leben in den unterschiedlichsten Habitaten ermöglichen. Die hier abgebildeten leben am Boden des südamerikanischen Regenwaldes, wo sie im herabgefallenen Laub Schutz und Nahrung finden.

Lebende Zweige ...

GESPENST- ODER STABSCHRECKEN sind größtenteils langgliedrige, schlanke Tiere, die Ästchen und Pflanzenstängeln gleichen. Alle sind Pflanzenfresser; manche haben Flügel, andere – wie die abgebildete nordamerikanische Art der Gattung *Diapheromera* – sind flügellos. Einige imitieren sogar die Bewegung von Blättern und Halmen im Wind, indem sie sanft hin- und herschaukeln. Bei Störungen erstarren sie, legen die Beine dicht an den Körper und lassen sich wie abgebrochene Zweige zu Boden fallen.

Warnfarbe

DIE SIGNALROTEN DECKFLÜGEL der Marienkäfer warnen vor ihrem üblen Geschmack, den sich jeder vorstellen kann, der einmal einen Käfer angefasst und dessen gelbes Wehrsekret gerochen hat. Das Sekret ist eigentlich Blut, das verschiedene bittere Alkaloide enthält und an den Beingelenken austritt. Die Warnung ist besonders effektiv, wenn die Insekten vor und nach der Winterruhe in großer Zahl gemeinsam in der Sonne baden. Sie überwintern auch in Gruppen und suchen dazu alljährlich dieselben Plätze auf. Diese nehmen mit der Zeit den Geruch der Tiere an und locken so wahrscheinlich die Überwinterer der nächsten Saison an.

Wehrhafte Raupe

DIE RAUPE DES GABELSCHWANZES *(Cerura vinula)* hat auf dem Rücken einen (im Bild nicht sichtbaren) schwarzen Sattelfleck, der ihre Kontur verwischt und sie im Laub fast unsichtbar macht. Falls sie aber von einem Räuber entdeckt wird, hat sie noch mehr Mittel zur Verteidigung. Dann zieht sie – wie im Bild – den Kopf ein, und die dann erscheinende rot-weiße Zeichnung mitsamt falschen Augen verleiht ihr ein furchterregendes Aussehen. Die roten Geißeln an den stark modifizierten Hinterbeinen geben einen sauren Geruch ab, und aus einer Drüse gleich hinter dem Kopf kann die Raupe sogar übelriechende Säure verspritzen.

Getarnte Raupe

JUNGE RAUPEN DER WOLLEULE *(Acronicta leporina)* fressen die oberste Zellschicht von Blättern an und erzeugen gewundene Gänge aus dunklen, leeren Zellen. Die Raupen selbst – im Bild sind drei zu sehen – ähneln Spritzern von Vogelkot und sind auf den abgefressenen Flächen kaum zu erkennen. Ältere Raupen haben lange, silbrige Härchen und erinnern an kleine Federn. 169

Rechts: Tarnfarben

DIE FARBLICHE ANPASSUNG AN DEN UNTERGRUND ist ein hervorragendes Mittel, um sich vor Feinden zu verbergen. Diese beiden Nachtfalter aus Panama sehen nicht unbedingt wie Blätter aus, doch dank ihrer Färbung »verschwinden« sie im trockenen Laub auf dem Waldboden. Die unregelmäßigen Flügelränder verstärken die Wirkung noch.

Nützliche Falten

TYPISCH FÜR DEN FLIEDERSPANNER *(Apeira syringaria)* ist die Ruhehaltung mit gefalteten Vorderflügeln, die ihm das Aussehen eines trockenen Blattes verleiht. So ist er am Boden im Laub so gut wie nicht zu entdecken. Seinen Namen verdankt der Falter dem Umstand, dass seine Raupen gern an Flieder fressen.

Einfach aufgelöst

BLASSE FLECKEN auf dem hinteren Teil des Körpers lösen die Körperkontur dieser nicht identifizierten Raupe aus dem Amazonasgebiet auf und machen sie nahezu unsichtbar. Kommt ihr ein Räuber zu nahe, versucht sie, sich durch Vergrößern ihrer Augenflecken aus der Affäre zu ziehen.

Mehrfacher Schutz

DER MADAGASSISCHE KOMETENFALTER *(Argema mittrei)* schützt sich gleich mehrfach. Die großen Augenflecken schrecken Feinde ab, tarnen den Falter aber auch, indem sie seine Umrisse verschwimmen lassen oder wie Flecken auf den umgebenden Blättern aussehen. Die gedrehten Schwanzfortsätze ähneln vertrocknetem Laub. Die Art hat eine Spannweite von rund 20 cm.

Giftpaket

DAS SECHSFLECK-WIDDERCHEN *(Zygaena filipendulae)* ist ein recht träges Tier, dem man sich leicht nähern kann. Dennoch hat es von Feinden wenig zu befürchten, weil sein Körper voller Gift steckt. Die meisten Vögel meiden es wohlweislich. Bei Belästigung sondert der Falter über Drüsen rund um die Mundöffnung ein übelriechendes Sekret ab, das viele Feinde bereits abschreckt. Genügt das nicht, scheidet er an Beinen und Brust eine zyanidhaltige Flüssigkeit aus, woraufhin die meisten Räuber sofort von ihm ablassen. Widderchen haben eine ledrige, biegsame Körperhülle; kleinere Verletzungen durch einen Angriff heilen schnell.

Augen-Blicke

IN RUHE HÄLT DAS TAGPFAUENAUGE *(Inachis io)* seine Flügel geschlossen und zeigt nur seine dunkle Unterseite; bei Störungen aber öffnet es die Flügel und hebt und senkt sie. Dabei reiben die Flügelränder aneinander und erzeugen ein leises Zischen. Das schreckt Vögel normalerweise ab. Allerdings zeigen Versuche, dass sie Augenflecken ignorieren, wenn sie diese zu oft sehen. Das Tagpfauenauge hält sie – wie die meisten Insekten mit großen Augenflecken – daher meist bedeckt, bis es sie wirklich braucht. Insekten mit ständig sichtbaren Augenflecken sind selten und tarnen sich auf andere Weise.

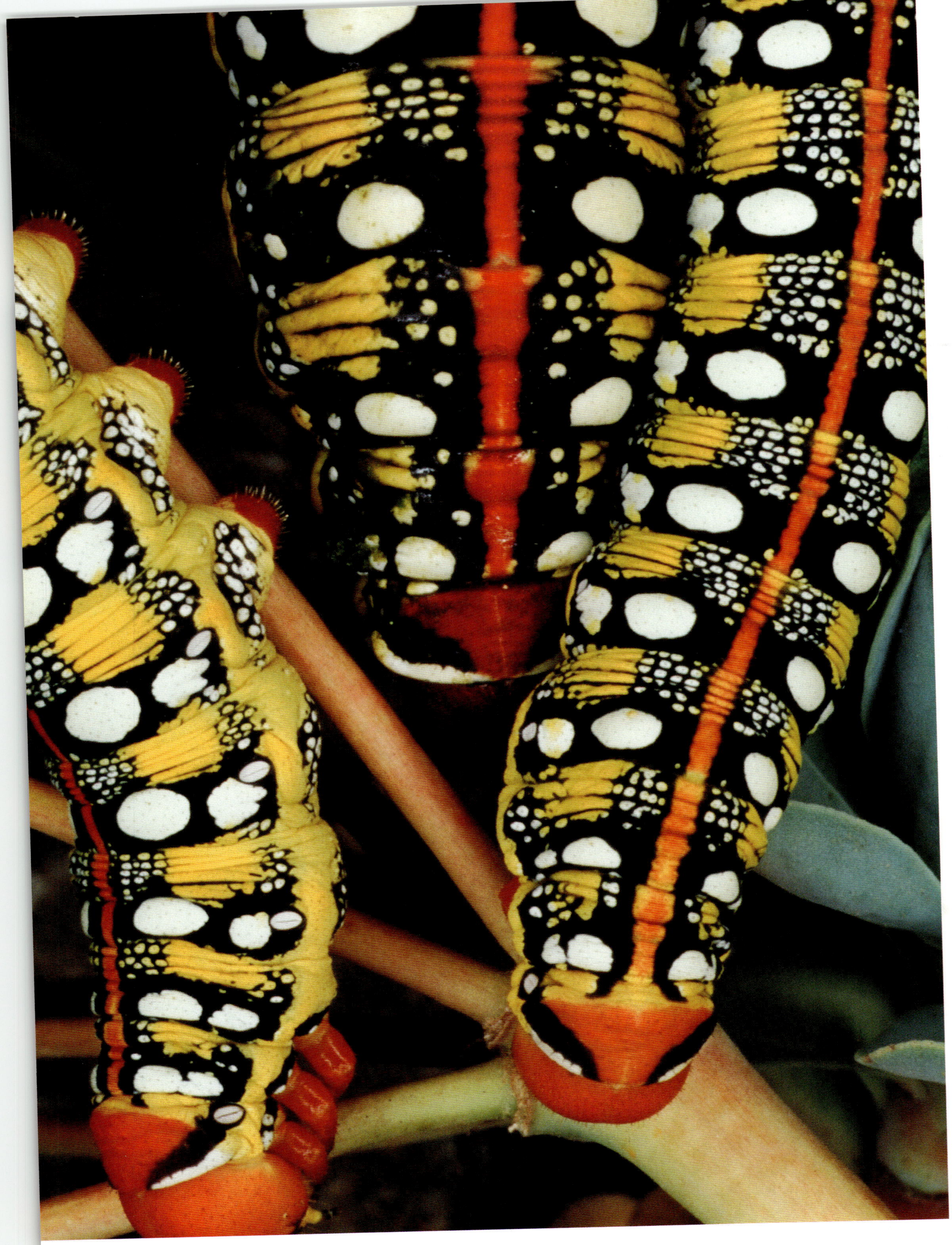

Ziemlich selbstbewusst

EINES DER AM STÄRKSTEN LEUCHTENDEN WARNKLEIDER in der Insektenwelt findet man bei den Raupen des Wolfsmilchschwärmers *(Hyles euphorbiae)* mit ihren vier kräftigen Farben. Sie fressen an verschiedenen Wolfsmilchgewächsen und reichern deren starke Gifte in ihrem Körper an.

Schlangengesicht

DIE RAUPE DES NORDAMERIKANISCHEN SCHWÄRMERS *Xylophanes tersa* nutzt die falschen Augen auf ihrem Thorax, um Feinde abzuschrecken. Fühlt sie sich bedroht, zieht sie den Kopf ein; dadurch schwillt ihre Brust an, und die Augenflecken werden vergrößert, wie hier zu sehen ist. So ähnelt sie einer kleinen Schlange. Das genügt, um zudringliche Vögel zu verscheuchen.

Rechts: Irritierende Augen

DER BLAUE MORPHOFALTER *(Morpho peleides)* lebt in den tropischen Regionen Amerikas. Seine Flügeloberseiten schillern blau, doch bei geschlossenen Flügeln bietet er ein ganz anderes Bild: Auffällige kleine Augenflecken an den Flügelrändern lenken Vögel von seinem Körper ab. Viele Morphofalter weisen nahe den Augenflecken Spuren von Schnabelhieben auf. Sie zeugen davon, dass die Augenflecken die Aufmerksamkeit der Räuber tatsächlich auf diese unwichtigen Körperteile lenken. Unregelmäßige Augenflecken haben vielleicht auch den Zweck, die Silhouette aufzulösen und den Schmetterling in bestimmten Situationen »verschwinden« zu lassen (siehe Seite 141).

Rund-um-die-Uhr-Schutz

DER BRAUNE BÄR *(Arctis caja)* steckt voller Gift und schützt sich zusätzlich mit einem dichten Pelz. In Ruhe, mit geschlossenen Flügeln, ist er recht gut getarnt; wird er aber tagsüber gestört, gibt er sich als ungenießbar zu erkennen: Er präsentiert seine leuchtend roten Hinterflügel, während die ebenfalls roten Drüsen hinter seinem Kopf ein Wehrsekret absondern. Nachts hält der Falter Fledermäuse durch hohe Töne oder Klickgeräusche – sozusagen eine »akustische Warnfarbe« – davon ab, ihn zu verspeisen.

Rechts: Einäugige »Eule«

CALIGO ILLIONIS ZÄHLT ZU DEN GRÖSSTEN SCHMETTERLINGEN Südamerikas. Der Eulenfalter ist dämmerungsaktiv und ruht tagsüber meist mit geschlossenen Flügeln. Auf jeder Seite ist dann nur ein großer Augenfleck sichtbar, der aber so sehr dem Blick einer Eule ähnelt, dass er die meisten Feinde fernhält.

Nur ein Stückchen Rinde?

DIE RAUPE DES NORDAMERIKANISCHEN ORDENSBANDES *Catocala vidiu* frisst hauptsächlich an Hickory- und Walnussbäumen. Dabei verschmilzt sie farblich vollkommen mit den Ästen – ein hervorragendes Beispiel einer Krypsis (siehe Seite 141). Gleichzeitig kann man darin insofern eine Schutztracht sehen, als die Raupe wie ein Stückchen Rinde aussieht.

Nur ein Häufchen …

VIELE INSEKTEN HABEN EINE IDEALE METHODE ENTWICKELT, um der Aufmerksamkeit von Vögeln zu entgehen: Sie tarnen sich als Vogelkot. Meist haben sie eine weiße oder beigefarbene Grundfarbe mit schwarzen oder braunen, oft glänzenden Flecken. Diese Raupe aus dem Regenwald des Amazonas nimmt in Ruhe eine stark gekrümmte Haltung ein; ausgestreckt würde sie weniger wie ein Kothäufchen aussehen und wäre weniger sicher.

… Vogelkot?

DIE DUNKLEN FLECKEN und hellen Linien verleihen diesem Nachtfalter aus dem Amazonasgebiet große Ähnlichkeit mit Vogelkot – an dem kein Vogel Interesse haben dürfte. Nachtfalter, die sich dieser Tarnung bedienen, erzeugen durch leichtes Aufstellen der Flügel oft einen noch realistischeren dreidimensionalen Eindruck.

Bloß keinen Schatten werfen

SCHATTEN KÖNNEN EIN TIER VERRATEN, das sich zu verbergen sucht. Die Raupe des Roten Ordensbandes *(Catocala nupta)* sitzt meist auf Zweigen, und trotzdem ist kein Schatten unter ihrem Körper zu entdecken. Dafür hat die Evolution gesorgt, indem sie an der Unterseite der Raupe einen Saum aus fleischigen »Haaren« sprießen ließ. Diese verdecken den Spalt zwischen Raupe und Zweig und lassen das Tier mit dem Untergrund verschmelzen. Warzenähnliche Fortsätze machen es einem Zweig noch ähnlicher. Im Bild ist nur ein Teil des Körpers mit drei Bauchfüßen und zwei Atemöffnungen (siehe Seite 62) zu sehen.

Ohne Schattenseiten

DIESER GRÜNE SCHILDKÄFER ist kaum zu entdecken, wenn er auf einem Blatt sitzt. Halsschild und Deckflügel (Elytren) reichen weit über seinen Körper hinaus und lassen sich zur Blattoberfläche hinabziehen, so dass kein verräterischer Schatten entsteht. Zudem kann der Käfer offenbar die Form des Blattes erkennen, denn er lässt sich so nieder, dass die Naht seiner Deckflügel über der Blattachse verläuft. Hat er die gewünschte Stellung erreicht, zieht er die Fühler ein und »verschwindet«.

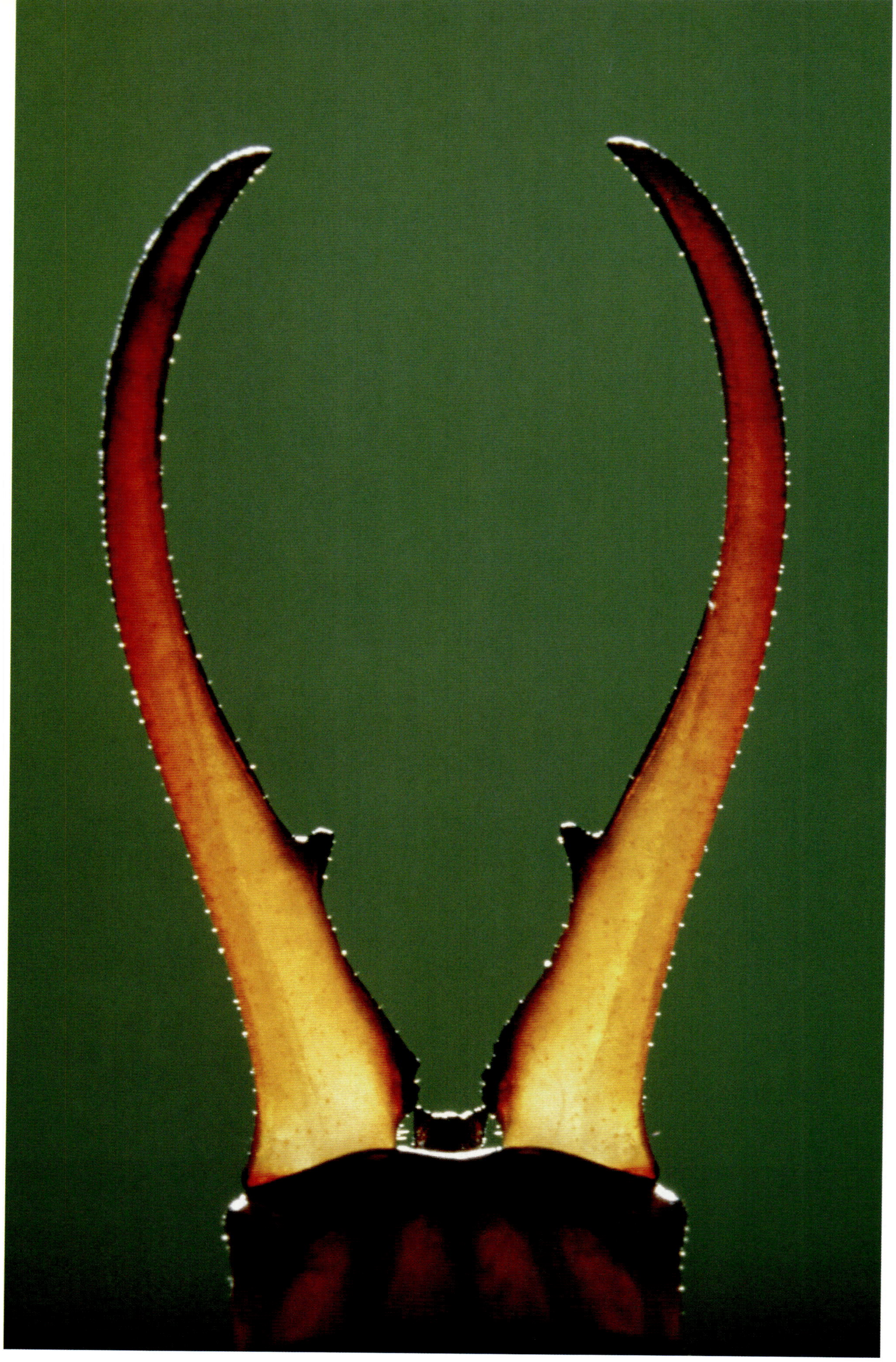

Kneifzange

DIE ZANGEN EINES OHRWURMS erfüllen mehrere Funktionen. Bei den Männchen (Bild) sind sie meist stark gekrümmt und kommen hauptsächlich gegen Artgenossen zum Einsatz, etwa wenn die Tiere um Nahrung oder ein Weibchen konkurrieren. Die Zangen der Weibchen sind schlanker und kaum gekrümmt. Beiden Geschlechtern dienen sie auch zur Abwehr; zwar können sie die Haut eines Menschen nicht durchdringen, wohl aber eine neugierige Spitzmaus schmerzhaft in die Nase kneifen. Ohrwürmer falten mit den Zangen auch ihre Flügel zusammen, wobei aber nicht alle Arten flugfähig sind. Manche sondern bei Angriffen ein dünnflüssiges, übelriechendes Sekret ab, das Ameisen und andere kleine Räuber abschreckt.

Lebende Klebepistolen

VIELE TERMITENARTEN in aller Welt haben spezialisierte Soldaten (Nasensoldaten oder Nasuti), deren Köpfe praktisch Klebstoffreservoire sind und nach vorne in einer spitzen »Nase« auslaufen. Wird das Nest angegriffen, verteidigen sie es, indem sie ihren Klebstoff verspritzen; Ameisen und andere kleine Raubfeinde sind dann bald bewegungsunfähig und in einem Netz klebriger Fäden gefangen. Die Nasensoldaten begleiten auch Arbeiterkolonnen, die nach Nahrung suchen, auf ihren Streifzügen.

Dornenbewehrt

DIESE WEIBLICHE LAUBHEUSCHRECKE hat wenig zu befürchten. Jeder Räuber, der einen Angriff unternimmt, erhält einen gezielten Tritt mit einem oder mehreren der dornenbewehrten Beine. Die Dornen können sogar die Haut von Vögeln und Säugern durchbohren. Der lange »Säbel« am Körperende ist der Legestachel (Ovipositor), mit dem das Tier seine Eier tief in die Erde oder faulendes Holz legt.

Dornenkrone

MIT DIESEM STACHELHELM kann sich die Laubheuschreckennymphe sicher fühlen. Welcher Feind würde es angesichts dieser stattlichen Rüstung wohl auf einen Angriff ankommen lassen? Auch die Beine dieser im Amazonasregenwald lebenden Heuschrecke *(Panacanthus cuspidatus)* sind üppig mit Dornen besetzt.

Original …

DIE HONIGBIENE *(Apis mellifera)*, hier auf einer Fetthenne, hat einen kräftigen Stachel. Bienenfresser und einige andere Vögel wissen allerdings, wie man diesen entfernt, und verspeisen die Biene anschließend mitsamt ihrer Nektarladung. Viele harmlose Insekten, darunter etliche Schwebfliegen, ahmen die Honigbiene in Färbung und Verhalten nach, um sich zu schützen.

... und Fälschung

DIE MISTBIENE *(Eristalis tenax)* zählt zu den Schwebfliegen und ist eine ausgezeichnete Honigbienenkopie. Im Flug hat sie große Ähnlichkeit mit einer Biene, doch aus der Nähe betrachtet ist sie an ihren kurzen Fühlern und dem einzelnen Flügelpaar leicht zu erkennen. Außerdem trägt sie natürlich keine Pollenkörbchen (siehe Seite 99). 191

Auffälliges Vorbild …

DIE HORNISSE *(Vespa crabro)*, eine große Faltenwespe, zeigt ihre Ungenießbarkeit und Wehrhaftigkeit mit hellen Warnfarben an. Viele harmlose (und schmackhafte) Insekten schützen sich, indem sie Färbung und Muster der Hornisse nachahmen. Ein Räuber, der unliebsame Erfahrungen mit einer Hornisse gemacht hat, wird jede ähnlich aussehende Beute meiden. Zu den Nachahmern zählen viele Schwebfliegen und einige Falter.

… und ebenso auffälliger Nachahmer

DER HORNISSENSCHWÄRMER *(Sesia apiformis)* ähnelt der Hornisse sehr, ist aber leuchtender gefärbt als sein Vorbild. In Ruhe faltet der Glasflügler seine Flügel seitlich zusammen und zeigt den kräftig gezeichneten Hinterleib. Die Ähnlichkeit mit der Hornisse reicht aus, um die meisten Feinde abzuschrecken. Bei Störungen bewegt er sich zusätzlich hektisch wie eine Hornisse, und im Flug brummt er wie sie. Da Hornissenschwärmer seltener sind als Hornissen, haben Vögel und andere Räuber meist schon Bekanntschaft mit diesen gemacht, bevor sie das erste Mal auf den (genießbaren) Schmetterling stoßen.

Chemische Waffen

DIE RAUPEN DER SCHWALBENSCHWÄNZE stülpen hinter dem Kopf eine Nackengabel (Osmeterium) aus und wackeln damit, wenn sie sich bedroht fühlen. Allein das plötzliche Erscheinen des grell gefärbten Organs schreckt schon einige Vögel ab; zusätzlich aber setzt es ein übelriechendes Sekret frei, das die Augen des Feindes reizt. Der Geruch wehrt auch Parasiten ab und variiert je nach Art, ist aber für menschliche Nasen nicht immer abstoßend: Bei der Raupe des Schwalbenschwanzes (*Papilio machaon,* Bild) riecht das Sekret nach Lanolin (Wollfett). Junge Schwalbenschwanzlarven sind meist schwarz-weiß gefärbt und tarnen sich als Vogelkot.

Alarmstufe Gelb

DIESE GIFTIGE LAUBHEUSCHRECKE aus dem Amazonasregenwald (Gattung *Vestria*) präsentiert mit gehobenen Flügeln ihren aufgewölbten Hinterleib. Die Warnfärbung wird durch die weißen Beine noch unterstrichen. Mit dem säbelähnlichen Ovipositor legt sie ihre Eier in Pflanzengewebe.

ENTWICKLUNGS-ZYKLEN

Manche Insekten – wie etwa die Sommergenerationen der Blattläuse – sind lebendgebärend, doch die weitaus meisten Arten pflanzen sich über Eier fort. Diese haben ganz unterschiedliche Formen und spezifische feinste Oberflächenstrukturen (siehe Seite 198). Bei einigen flügellosen Insekten wie den Fischchen oder den Tierläusen sehen die Jugendstadien aus wie kleine Imagines, die meisten Jugendformen aber ähneln den adulten Stadien wenig oder gar nicht, wenn sie schlüpfen, und sie besitzen keine funktionstüchtigen Flügel. Beim Heranwachsen durchlaufen die Tiere mehrfach Veränderungen, die man unter dem Begriff Metamorphose (»Verwandlung«) zusammenfasst. Alle Insekten haben eine derbe, oft sogar harte und wenig dehnbare Körperhülle, daher müssen sie sich während des Wachstums mehrmals häuten. Vier bis zehn Häutungen (Ecdysis, siehe Seite 215) sind keine Seltenheit. Bis zur letzten (Imaginal-)Häutung unterscheidet man mehrere Entwicklungsstadien.

Es gibt zwei Arten der Metamorphose. Libellen, Schrecken, Ohrwürmer, Pflanzensauger und einige weitere Insekten durchlaufen eine »unvollkommene Verwandlung« (Hemimetabolie). Die Jugendstadien (Nymphen) ähneln äußerlich den Imagines, haben aber keine funktionstüchtigen Flügel. Lebensräume und Nahrung gleichen oft denen der adulten Tiere. Nach der ersten oder zweiten Häutung erscheinen winzige Flügelanlagen, die mit jeder Häutung größer werden; die Nymphen sehen so den adulten Formen immer ähnlicher. Nach der letzten Häutung kommt die Imago mit voll entwickelten Flügeln zu Vorschein.

Netzflügler, Schnabelfliegen, Köcherfliegen, Käfer, Schmetterlinge, Zweiflügler und Hautflügler durchlaufen eine andere Entwicklung (Holometabolie). Ihre Jugendstadien (Larven) ähneln den adulten Insekten überhaupt nicht und nehmen oft ganz andere Nahrung auf. Die meisten Raupen fressen beispielsweise Blätter, während sich Schmetterlinge von Nektar ernähren. Häutet sich eine Larve, wird sie größer und verändert vielleicht auch ihre Farbe, doch zeigt sie in keinem Stadium Flügelanlagen. Die voll entwickelte Larve häutet sich noch einmal, wird dadurch aber nicht zur Imago, sondern bildet eine Puppe. In dieser sind zwar Flügel, Beine und andere Organe des adulten Insekts erkennbar, doch sind die meisten Puppen unbeweglich und gelten daher vielfach als Ruhestadium. Im Inneren herrscht allerdings höchste Aktivität, wird doch der Larvenkörper zur Imago umgewandelt. Zuletzt platzt die Puppenhülle, und das adulte Insekt schlüpft heraus (siehe Seite 212).

Nach dem Aushärten der Körperhülle und der Flügel begeben sich die Imagines auf Partnersuche. Bei Partnerwerbung (Balz) und Paarung spielen oft Töne, Farben, Lichtsignale und Düfte eine Rolle. Mit dem Legen der Eier setzen die Weibchen dann einen neuen Zyklus in Gang. Manche Insekten, insbesondere Ameisenköniginnen und Termiten, können mehrere Jahre alt werden (siehe Seite 203), die meisten jedoch leben nur kurz als Imago – manchmal nur wenige Tage. Normalerweise reicht das aus, um eine neue Generation zu gründen und den Fortbestand der Art zu sichern.

Fein strukturiert

DIE EIER DES KOHLWEISSLINGS *(Pieris brassicae)* zeigen wie fast alle Schmetterlingseier bei starker Vergrößerung eine fein modellierte Oberflächenstruktur. Ein Autor des 19. Jahrhunderts beschrieb diese Muster als »tausendmal zarter und feiner, als eine menschliche Hand es ausführen könnte«, und das Elektronenmikroskop enthüllt heute noch mehr Details. Auf und zwischen den Rippen kann durch unzählige winzige Poren Sauerstoff ins Ei gelangen. Hier hat eine Raupe ein Loch in die Eiwand gefressen und wirft einen ersten Blick hinaus.

Ihre Aufgabe: essen und wachsen

FRISCH GESCHLÜPFTE RAUPEN sind fast immer blassgrün oder hellbeige und haben wenige lange Haare. Ihre erste Mahlzeit ist meist die eigene Eihülle; dann wenden sie sich der Futterpflanze zu, die das Weibchen zuvor sorgfältig für die Eiablage ausgewählt hat. Durch stetiges Fressen erreicht eine kleine Raupe nicht selten binnen weniger Tage das Zehntausendfache ihres Schlupfgewichtes und ist dann bald bereit für die erste Häutung (siehe Seite 197). Danach zeigt sie allmählich arttypische Merkmale; das kleine Geschöpf im Bild wird eine schwarzgelbe Kohlweißlingsraupe werden.

Immer hübsch ordentlich

WIE FAST ALLE SCHILDWANZEN legt auch *Murgantia histronica* ihre fassförmigen Eier ordentlich aufgereiht ab. Die Gelegegröße entspricht dabei oft der Größe der adulten Wanze, da die Weibchen bei vielen Arten bis zum Schlüpfen der Nymphen auf den Eiern sitzen. Manche Arten legen zahlreiche kleine Eier, andere – auch die gezeigte – wenige große. *Murgantia histronica* ist in den USA ein großer Kohlschädling.

Die erste Mahlzeit

FRISCH GESCHLÜPFTE NYMPHEN der Wanze *Murgantia histronica* neben den leeren Eihüllen. Anders als viele Raupen fressen sie diese nicht, da sie mit ihren saugenden Mundwerkzeugen nur Flüssigkeiten aufnehmen können. So stechen sie bald ihre Futterpflanze an und saugen deren Saft. Erst später entwickeln sie Flügel und werden ohne Puppenstadium schrittweise zu adulten Wanzen.

Mütterliche Fürsorge

WEIBLICHE OHRWÜRMER kümmern sich manchmal monatelang um ihre Eier und Nymphen. Die Eier werden meist in die Erde gelegt, oft in die Nähe eines großen Steins, der Sonnenwärme speichert und später an die Kinderstube abgibt. Das Weibchen bewacht die Eier und leckt sie regelmäßig sauber, um sie vor Schimmel zu schützen. Nach dem Schlüpfen füttert es die Nymphen mit hochgewürgtem Futter und putzt auch sie regelmäßig. Die Nymphen verlassen das Nest nach der ersten Häutung, werden aber vom Weibchen noch einige Wochen gefüttert und an sichere Orte geführt.

Königliche Riesin

NEBEN DER TERMITENKÖNIGIN wirken ihre Söhne und Töchter winzig. Die bei manchen Arten bis zu 15 cm lange Königin legt ausschließlich Eier und kann sich kaum bewegen. Sie liegt in ihrer Königinzelle und paart sich regelmäßig mit dem König. Täglich legt sie mehrere tausend Eier. Königin und König werden von den Arbeitern gefüttert und gepflegt.

Rechts: Erste Schritte

MANCHMAL DAUERT ES EINIGE MONATE, bis kleine Fangschrecken schlüpfen. Die winzigen weißen, länglichen Nymphen zwängen sich durch kleine »Falltüren« im Eipaket, bis sie halb heraussehen. Dann pumpen sie Blut in ihren Kopf, sprengen ihre Embryonalhülle auf und kriechen auf langen Beinen heraus. Manchmal tummeln sie sich eine Weile auf ihrem Kokon, wie auf diesem Bild von einem Eipaket der Art *Stagmomantis carolina,* doch schon bald machen sie sich allein auf die Jagd nach winzigen Insekten.

Mit größter Sorgfalt

DIE WEIBLICHE GOTTESANBETERIN *(Mantis religiosa)* legt ihre Eier in ein von Hinterleibsdrüsen gebildetes Sekret, in das sie mit der hinteren Körperöffnung Luft bläst und es so zu Schaum »schlägt«. Bis zu 300 Eier werden in den Schaum gelegt, der schnell zu einem festen Kokon (Eipaket oder Ootheke) aushärtet. Dann sind die Eier vor den meisten Feinden sicher. Einige wespenähnliche Insekten jedoch reiten auf dem Weibchen mit und legen flink ihre eigenen Eier in den Schaum, bevor dieser aushärtet. Ihre Larven ernähren sich dann von den Fangschrecken-eiern.

Wie Perlen einer Kette

DAS LANDKÄRTCHEN *(Araschnia levana)* legt seine Eier in kleinen Ketten zu je 6–15 Eiern an der Blattunterseite von Brennnesseln ab. Oft befinden sich mehrere Ketten dicht beieinander. Sie ähneln den Blütenkätzchen der Nesseln und sind somit gut getarnt.

Jungfräuliche Geburt

BLATTLÄUSE SIND VERMEHRUNGSKÜNSTLER. Fast den ganzen Sommer über gibt es von den grünen und schwarzen Blattläusen, die unsere Gärten heimsuchen, nur Weibchen, die ohne Befruchtung gebären. Die Jungen sind voll entwickelt (Bild) und tragen bereits eigene Junge in sich. Oft reifen sie in nur zwei Wochen heran und gebären dann selbst. Einige entwickeln Flügel und fliegen auf andere Pflanzen, andere bleiben und vermehren sich – kein Wunder also, dass unsere Pflanzen schnell von ihnen bedeckt sind. Am Ende des Sommers bringen die Insekten Männchen und eierlegende Weibchen hervor. Viele Arten überwintern in Form befruchteter Eier.

Wunderbare Verwandlung – aus dem Wasser …

DIESE NYMPHE DER GROSSEN KÖNIGSLIBELLE hat drei oder vier Jahre im Wasser gelebt, doch nun ist es Zeit, sich als adulte Libelle in die Luft zu erheben. Sie klettert einen Schilfhalm hinauf und drückt ihre Hülle am Rücken auf. Mit den Beinen schiebt sie Kopf und Brust hinaus (oben), biegt sich nach hinten und windet sich mit kräftigen Bewegungen fast ganz aus der alten Haut. Am Thorax sind bereits kleine Flügel erkennbar; ansonsten hat die Libelle noch die Form der Nymphe; man spricht in solchen Fällen von unvollkommener Metamorphose.

… in die Luft

DER GRÖSSTE TEIL DES HINTERLEIBS liegt nun frei, die Libelle richtet sich wieder auf und zieht sich ganz aus der alten Nymphenhülle heraus (oben links). Durch Einpumpen von Blut entfaltet sie ihre Flügel. Nach etwa einer Stunde sind Flügel und Körperhülle ausgehärtet, und die Libelle kann ihren ersten Flug unternehmen. Ihre volle Farbenpracht erscheint allerdings erst nach einigen Tagen. Adulte Libellen leben selten länger als ein paar Wochen.

Von der Raupe zur Puppe

DIE RAUPE DES MONARCHFALTERS (*Danaus plexippus*, links) hat mehrere Wochen an einer Seidenpflanze gefressen und ist nun ausgewachsen. Sie spinnt sich an einer geeigneten Stelle ein kleines Seidenpolster und hängt sich kopfüber daran. Ihre Haut reißt auf und wird nach einigem Rucken und Zucken abgeworfen. Zum Vorschein kommt die Puppe (oben).

Von der Puppe zum Schmetterling

DIE PUPPE IST ZUNÄCHST WEICH, härtet aber allmählich aus und schrumpft auf die typische Puppenform des Monarchs ein (oben). Bei warmem Wetter platzt die Puppenhülle bereits nach zehn Tagen auf, und der adulte Schmetterling windet sich hinaus. Noch auf der Puppe sitzend entfaltet er seine Flügel durch Einpumpen von Blut in die Flügeladern (oben rechts). Sobald sie trocken und ausgehärtet sind, kann sich der Schmetterling in die Luft erheben.

Abgeschlossene Metamorphose

DER ADULTE MONARCHFALTER präsentiert seine leuchtend gefärbten Flügel und warnt so Vögel und andere Räuber vor seinem Gift (siehe Seite 139). Seine Giftigkeit verdankt er den Seidenpflanzen, an denen er als Raupe gefressen hat. Tiere, die den Falter fressen wollen, bemerken schnell, dass er ungenießbar ist – meist noch bevor sie ihm großen Schaden zufügen können. Wie viele giftige Insekten hat der Monarch eine zähe Hülle, die nach kleinen Verletzungen schnell heilt.

Bitte anschnallen

DIE RAUPE DES SCHWALBENSCHWANZES verpuppt sich in aufrechter Position (Gürtelpuppe), anders als der Monarch (Stürzpuppe, siehe Seite 211). Zunächst spinnt sie an einem Ast ein Seidenpolster und hält sich mit den Bauchfüßen daran fest. Dann spinnt sie sich einen seidenen Gürtel und beginnt so gesichert mit der Verpuppung. Ihr Körper durchläuft dabei große Veränderungen. Nach ein oder zwei Tagen platzt die Raupenhaut auf; sie wird abgeworfen, und die Puppe kommt zum Vorschein.

Komplizierte Angelegenheit

DIESE STABSCHRECKE hat gerade eine Häutung abgeschlossen. Diese ist eine gefährliche Sache, besonders für langbeinige Stabschrecken. Die Tiere häuten sich meist kopfüber; der Kopf schlüpft zuerst aus der alten Hülle, die Hinterleibsspitze zuletzt. Dazwischen muss das Insekt seine sechs Beine und auch die zarten Fühler aus der brüchigen alten Haut ziehen. Die neue Hülle ist noch weich; sie wird durch Einpumpen von Luft gedehnt und härtet in wenigen Stunden aus. Die Schrecke gibt dann die Luft wieder ab und hat nun Raum, in den sie hineinwachsen kann. Sich häutende Insekten sind völlig schutzlos und suchen sich daher meist einen abgeschiedenen Ort dafür.

Vollkommen verwandelt

DIE STUBENFLIEGE *(Musca domestica)* durchläuft eine vollkommene Metamorphose. Ihren ersten Lebensabschnitt verbringt sie als Made, die sich von Dung und faulendem Material ernährt. Voll ausgewachsen vergräbt sich diese im Erdboden, woraufhin ihre Körperhülle aushärtet und eine tönnchenförmige Puppenhülle (Puparium) formt. In deren Innerem verändert sich der Madenkörper rasch und wird erst zur Puppe, dann zur adulten Fliege, die schon bald schlüpft. Dazu pumpt sie Flüssigkeit in die Stirnblase (Ptilinum), die sich an der Vorderseite des Kopfes ausdehnt und den »Deckel« des Pupariums hebt. Die weißliche Stirnblase ist hier deutlich zu erkennen.

Fast geschafft

IST DIE PUPPENHÜLLE AUFGESPRENGT, zwängt sich die Fliege heraus. Im linken Bild liegt die Brust schon fast frei; das Insekt zieht gerade die Vorderbeine heraus, um sich mit ihnen dann ganz herauszustemmen. Im rechten Bild sind auch das mittlere und das hintere Beinpaar nahezu frei, und der Hinterleib folgt bald. Die Stirnblase hat ihre Aufgabe erfüllt und ist zusammengefallen; der Kopf hat wieder seine normale Form. Die Flügel sind nach dem Schlüpfen noch stark zusammengedrückt, entfalten sich aber schnell und härten aus. Nach etwa einer halben Stunde ist die Fliege flugfähig. Bei warmer Witterung dauert die Entwicklung manchmal kaum zwei Wochen.

Unvollkommene Verwandlung

HEUSCHRECKEN DURCHLAUFEN KEIN PUPPENSTADIUM. Ihre Jugendstadien oder Nymphen (oben) sehen – wie hier bei der Art *Melanoplus differentialis* – den adulten Stadien (rechts) sehr ähnlich, haben aber keine funktionsfähigen Flügel und natürlich keine Fortpflanzungsorgane. Die Flügelanlagen der abgebildeten Nymphe sind, wie es für eine kurz vor der Reife stehende Heuschreckennymphe typisch ist, nach oben geklappt; die Vorderkante liegt also oben, und die Hinterflügel bedecken die Vorderflügel …

… Die voll ausgewachsene Nymphe häutet sich noch einmal zur Imago. Deren Flügel drehen sich erneut; die Vorderkante ist nun unten, und die Vorderflügel liegen über den Hinterflügeln. Heuschrecken machen eine »unvollkommene« Metamorphose durch. Die hier abgebildete große Art ist ein Ernteschädling, bildet jedoch keine riesigen Schwärme wie die Wanderheuschrecken.

Akustische Täuschung

BLÜTENGRILLEN DER GATTUNG *OECANTHUS* stridulieren (»singen«), indem sie ihre Flügel anheben und deren Ansätze aneinanderreiben, so dass ein wohlklingendes Zirpen entsteht. Bei Störungen singen sie zwar weiter, senken aber die Flügel; das Zirpen wird leiser und scheint aus größerer Entfernung zu kommen. Daher ist es sehr schwer, die im Dunkeln in Pflanzen sitzenden Tiere aufzuspüren. Blütengrillen leben in vielen warmen Regionen der Erde.

Natürlicher Verstärker

DIE MEISTEN BLÜTENGRILLEN erzeugen ein sanftes Zirpen, doch einige Arten haben ein einfaches Mittel gefunden, ihre Rufe zu verstärken: Sie beißen ein birnenförmiges Loch in ein Blatt, gerade so groß, dass sie mit abgespreizten Flügeln darin Platz finden. Dann setzen sie sich so in das Loch, dass sie es mit ihren erhobenen Flügeln ausfüllen. Beginnen sie zu stridulieren, gerät mit den vibrierenden Flügeln das ganze Blatt in Schwingung und verstärkt so den Gesang der Grille.

Der Wurm, der ein Käfer ist

GLÜHWÜRMCHEN (hier *Lampyris noctiluca*) tragen ihren Namen zu Unrecht, denn sie sind kleine Käfer. Die Männchen haben funktionstüchtige Flügel, die Weibchen (Bild) aber sind flügellos und werden oft mit Asseln verwechselt, obwohl sie nur sechs Beine haben; Asseln haben 14.

Verführerisches Leuchten

DIE LETZTEN DREI KÖRPERSEGMENTE WEIBLICHER GLÜHWÜRMCHEN enthalten Luziferin, das wie bei allen Leuchtkäfern durch eine chemische Reaktion grünlichgelbes Licht erzeugt (siehe Seite 224). Eine Schicht winziger Kristalle hinter dem Luziferin reflektiert das Licht durch die durchsichtige Bauchwand nach außen. Die Weibchen beginnen nach Einbruch der Dunkelheit zu leuchten; dazu halten sie sich an einer Pflanze fest und drehen den Bauch nach oben. Vorbeifliegende Männchen entdecken das Licht und lassen sich zur Paarung nieder. Die Weibchen können das Licht an- und ausschalten, indem sie die Sauerstoffzufuhr zum Luziferin regulieren.

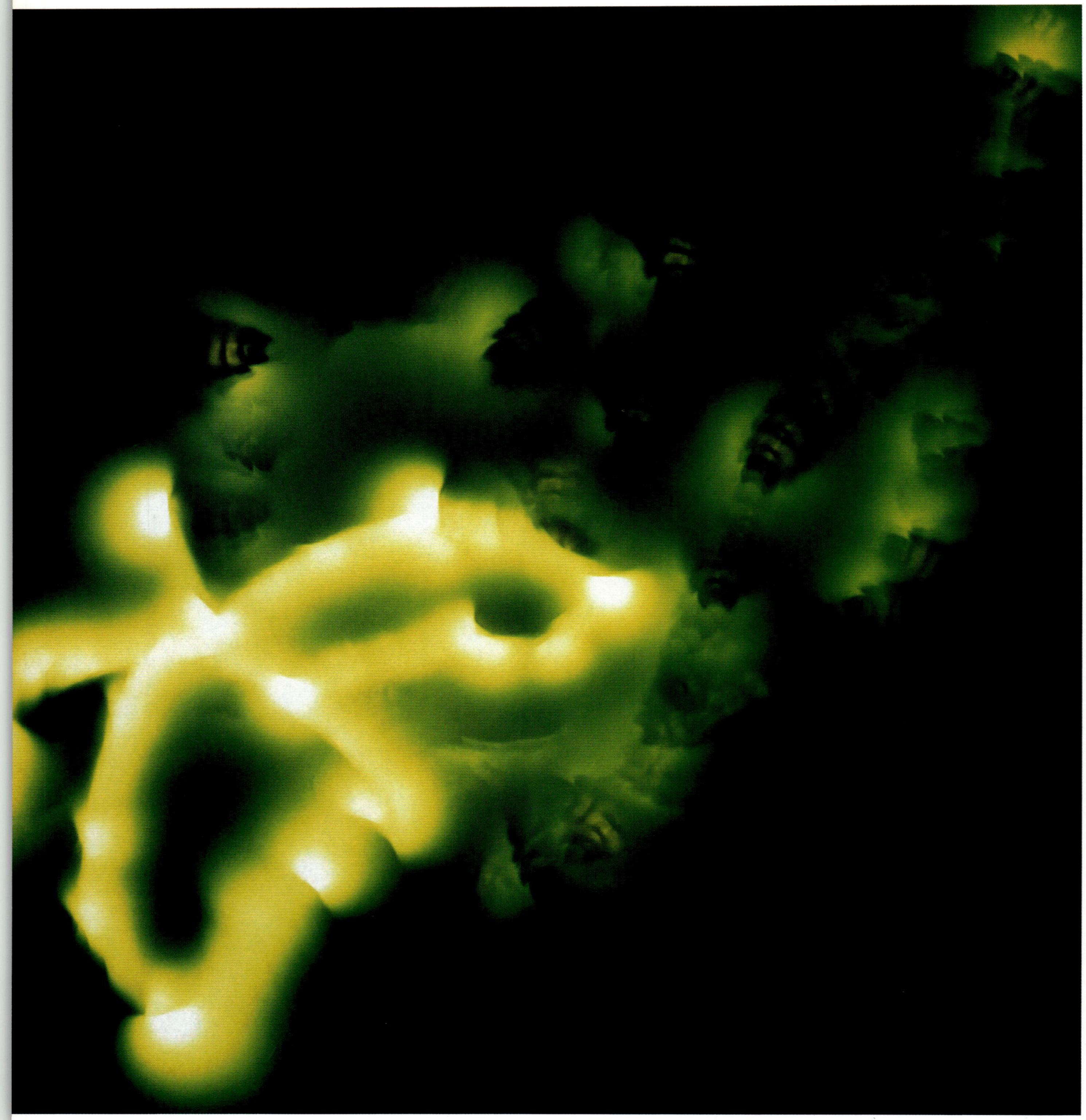

Kaltes Licht

DIESES GEISTERHAFTE BILD zeigt einen Leuchtkäfer, den man über einen unbelichteten Film kriechen ließ. Die Lichtsignale der Käfer kommen durch die chemische Reaktion von Luziferin mit Sauerstoff zustande, mit dem Enzym Luziferase als Vermittler. Dabei wird Energie frei, aber fast ausschließlich in Form von Licht. Wahrscheinlich setzt das Insekt per Nervenimpuls eine kleine Menge Enzym frei, das mit dem Luziferin reagiert und einen Lichtblitz erzeugt. Die Luziferase wird unmittelbar chemisch gebunden, und das Licht erlischt, bis der nächste Impuls erneut Enzym freisetzt und das Licht wieder anschaltet. Jede Art hat ihren eigenen Blinkrhythmus.

Nächtliches Schauspiel

IN AMERIKA FLIEGEN NACHTS nicht selten mehrere Leuchtkäferarten gleichzeitig, und jede hat ihr eigenes Signal. Die Männchen leuchten oft eine Sekunde und länger und legen dabei einen bestimmten Weg zurück. So entstehen typische, unterschiedlich lange und verschlungene Lichtspuren. Die Weibchen reagieren nur auf Signale ihrer Artgenossen.

Exaktes Timing

BEI DEM KLEINEN EUROPÄISCHEN LEUCHTKÄFER *Luciola lusitanica* senden beide Geschlechter Lichtblitze aus. Die Männchen steigen bei einsetzender Abenddämmerung empor und erzeugen fast exakt einmal pro Sekunde silbriggrüne Lichtblitze, die eine Fünftel- bis eine Viertelsekunde andauern. Die Weibchen haben Flügel, fliegen aber nicht. Erblicken sie über sich die Lichtblitze eines Männchens, antworten sie mit eigenen Signalen. Das tun sie bei einer Temperatur von 23 °C nach exakt einer Fünftelsekunde – ist es kälter, antworten sie mit größerer Verzögerung. Die Männchen reagieren nur auf Lichtblitze, die im richtigen Zeitabstand aufleuchten, und fliegen dann direkt darauf zu, um sich mit dem Weibchen zu paaren.

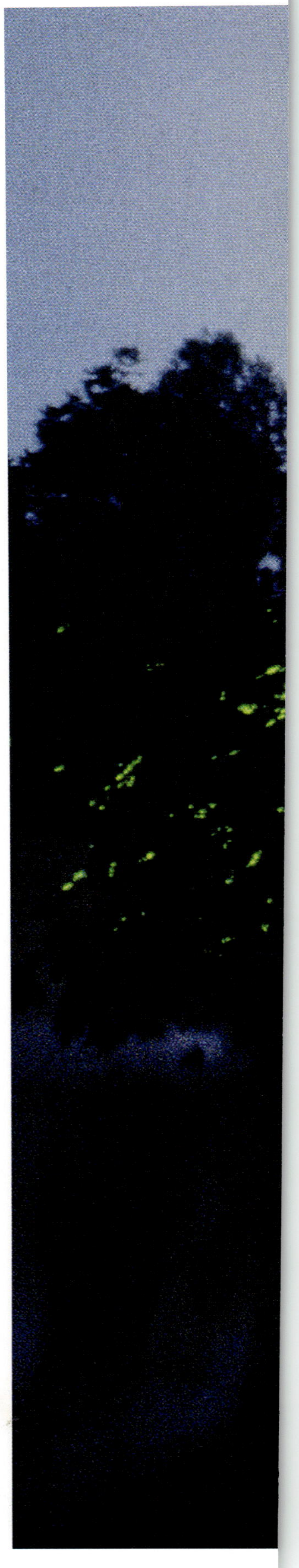

Leuchtreklame

IN DEN MANGROVESÜMPFEN SÜDOSTASIENS zeigt sich manchmal ein erstaunliches Schauspiel: Männliche Leuchtkäfer der Art *Pteroptyx tener* versammeln sich abends zu Tausenden in Bäumen und entsenden gleichzeitig Lichtblitze, so dass man sich an eine Leuchtreklame erinnert fühlt. Die angelockten Weibchen haben eine reiche Auswahl an Partnern.

Weibliche Düfte

DIESES WEIBLICHE KLEINE NACHTPFAUENAUGE *(Saturnia pavonia)* stülpt die Duftdrüse an seinem Hinterleibsende aus und »ruft« so nach einem Männchen. Die Drüse bildet einen für Männchen unwiderstehlichen Duftstoff (Pheromon, siehe Seite 65). Nicht selten versuchen gleich mehrere, sich mit einem frisch geschlüpften Weibchen zu paaren, und sie stürzen sich sogar auf ein Tuch, auf dem das lockende Weibchen schon längst nicht mehr sitzt.

Männliche Düfte

DER SÜDAMERIKANISCHE SCHMETTERLING *Thysanoprynna cepiana* ist eine von vielen Falterarten, bei denen die Männchen die Weibchen mit Duftstoffen anlocken. Hier wird das von Bauchdrüsen gebildete Pheromon mit einer Art Pinsel aus hellgelben Haaren am Hinterleibsende verteilt. Die Haare sind normalerweise im Hinterleib verborgen und werden bei Bedarf ausgestülpt. Die abgegebenen Duftstoffe locken das Weibchen nicht nur an, sondern bewirken möglicherweise auch, dass es sich niederlässt und die Begattung duldet.

Paarungsritual

DIE BALZ DER SCHMETTERLINGE wird meist mit optischen Signalen und mit Duftstoffen eingeleitet. Empfangen die Partner die richtigen Signale vom anderen, kommt es zur Paarung. Diese erfolgt meist am Boden oder auf Pflanzen. Die Tiere vereinigen sich am Hinterleib und blicken in entgegengesetzte Richtungen, wie dieses Paar des Skabiosen-Scheckenfalters. Während der oft Stunden dauernden Kopula sitzen die Partner still, können aber notfalls auch fliegen – welches Geschlecht die Richtung angibt, ist nicht festgelegt. Das »Leittier« tankt während der Paarung oft mit geöffneten Flügeln Sonnenwärme und wärmt seine Muskeln für einen möglichen Abflug vor.

Duftschuppen

DIE MEISTEN MÄNNLICHEN SCHMETTERLINGE haben Duftschuppen (Androkonien). Diese sind so gestaltet, dass sich der Duft besonders gut verteilt. Oft sind sie über den ganzen Flügel verstreut, konzentrieren sich aber an sogenannten Duftschuppenflecken (Androkonienfeldern), wie hier auf dem Flügel eines Monarchfalters. Die Weibchen reiben während der Balz ihre Fühler an diesen Stellen, was sie zur Paarung anregt.

Heimvorteil

DIE MÄNNCHEN DES WALDBRETTSPIELS *(Pararge aegeria)* beanspruchen meist einen Sonnenfleck am Waldboden oder auf der Bodenvegetation für sich. Sonnige Plätze sind bei beiden Geschlechtern begehrt und daher ideale Treffpunkte. Jeder fliegende Besucher im Revier des Männchens wird von diesem überprüft: Ist es ein anderes Männchen, gibt es ein kurzes Gerangel, bevor sich der Eindringling zurückzieht. Der Revierinhaber siegt nahezu immer, wahrscheinlich weil ihm die Sonnenwärme die nötige Geschwindigkeit und Beweglichkeit verleiht. Trifft ein Weibchen ein, umwirbt er es mit einem Balztanz, um es zum Bleiben zu bewegen und an seine Seite zu locken.

Weg da!

MÄNNCHEN DER GROSSEN WOLLBIENE *(Anthidium manicatum)* sind meist viel größer als die Weibchen und nutzen ihre Größe, um ein Blütenrevier zu verteidigen. Sie zeigen selbst kaum Interesse an den Blüten, greifen aber andere Bienen, die hier Nahrung suchen, heftig an und schlagen selbst große Hummeln in die Flucht. Das Männchen verteidigt Nektar und Pollen nicht für sich selbst, sondern sorgt so für ausreichend Vorräte, um eine weibliche Wollbiene in sein Revier zu locken. Es paart sich mit dem Weibchen, während dieses Nektar saugt, wie hier im Bild zu sehen.

Ein Riese unter den Käfern

DER HERKULESKÄFER *(Dynastes hercules)* zählt zu den größten Käfern der Welt und erreicht mitsamt seinen Hörnern eine Länge von rund 15 cm. Das obere Horn entspringt aus dem Halsschild, das untere aus dem Kopf. Wie bei vielen behornten Käferarten versuchen die Männchen, etwaige Konkurrenten mit Hilfe der Hörner »aufs Kreuz zu legen« und dem zuschauenden Weibchen damit zu imponieren. Die Weibchen sind viel kleiner und hornlos. Der Herkuleskäfer lebt in den tropischen Regenwäldern Amerikas und legt seine Eier in verrottendes Holz.

Vollkommene Verwandlung

WIE ALLE KÄFER MACHT DER GELBRAND *(Dytiscus marginalis)* während seiner Entwicklung eine vollkommene Verwandlung durch. Die Larve (oben) ist flügellos und zeigt keinerlei Ähnlichkeit mit dem adulten Käfer (rechts). Beide sind allerdings aggressive Jäger (siehe Seite 108) …

… Die voll ausgewachsene Nymphe verlässt das Wasser und verwandelt sich im ufernahen Boden in eine Puppe, aus der nach einigen Wochen der adulte Käfer schlüpft. Er bewegt sich unter Wasser mit kräftigen Stößen seiner breiten, behaarten Beine. Als guter Flieger kann er zudem leicht in neue Gewässer umsiedeln.

Rechts: Hohe Saugkraft

DIE VORDERBEINE des Gelbrandkäfermännchens sind kissenartig verbreitert; auf ihnen befinden sich zwei große und mehrere kleinere Saugnäpfe, wie diese starke Vergrößerung zeigt. Ein klebriges Sekret sorgt für zusätzliche Haftung. Mit seinen Haftbeinen kann das Männchen ein Weibchen stundenlang festhalten.

Fest im Griff

MÄNNLICHE GELBRANDKÄFER *(Dytiscus marginalis)* haben an jedem Vorderbein ein Haftkissen, mit dem sie das Weibchen bei der Paarung festhalten können. Mit den Klauen am Ende des Beines dagegen packen sie vor allem Beute, darunter Würmer, kleine Fische und sogar Frösche.

Gefährliche Liebschaft

DAS MÄNNCHEN DER GOTTESANBETERIN *(Mantis religiosa)* ist deutlich kleiner als das Weibchen und riskiert bei der Paarung sein Leben – tatsächlich beginnt das Weibchen oft schon während der Paarung, es zu fressen. Das Männchen im Bild hat bereits den Kopf eingebüßt, doch pumpt sein Körper weiter Spermien in den von Eiern prallen Leib des Weibchens, solange etwas von ihm übrig ist. So liefert es Nährstoffe für die Eier, die es selbst befruchtet hat.

Hochzeitsgabe

DIESE WEIBLICHE STEPPEN-SATTELSCHRECKE *(Ephippiger ephippiger)* hat nicht etwa einen Unfall gehabt: Die gallertige Masse an ihrem Hinterleib wurde ihr von einem Männchen bei der Paarung überreicht. Der Samenträger (Spermatophore) kann fast ein Drittel der Körpermasse des Männchens ausmachen und enthält nicht nur Spermien, sondern ist auch eine gute Mahlzeit für das Weibchen. Nur der Teil direkt am Körper des Weibchens enthält Spermien; der Rest (»Spermawächter«) wird gleich nach der Paarung vom Weibchen verzehrt. So ist es beschäftigt, während die Spermien in seinen Körper wandern, und paart sich nicht mit anderen Männchen.

Einzigartige Verbindung

DIESE BEIDEN HUFEISEN-AZURJUNGFERN *(Coenagrion puella)* zeigen die für Libellen typische Art der Paarung. Die Genitalöffnung des Männchens befindet sich am Hinterleibsende, seine Kopulationsorgane aber weiter vorne. Vor der Paarung biegt es seine Hinterleibsspitze zu diesen hin und überträgt die Spermien. Dabei hält es seine Partnerin meist schon fest. Ist der Transfer vollendet, streckt sich das Männchen wieder und packt das Weibchen mit den Hinterleibszangen (siehe Seite 246). Letzteres krümmt sich dann vor und nimmt die Spermien auf; beide bilden so das typische »Paarungsrad«. In dieser Haltung sitzen sie meist still, können aber auch fliegen.

Unterstützung ...

NACH DER PAARUNG hält das Libellenmännchen das Weibchen oft weiterhin am Nacken fest, während dieses die Eier legt. Im Bild die Art *Enallagma civile:* Das Männchen hält das Weibchen, das seine Eier an einer Wasserpflanze ablegt. Auf diese Weise sorgt das Männchen dafür, dass sich das Weibchen nicht nochmals paart und die Eier tatsächlich von ihm befruchtet sind.

… in eigener Sache

ZWEI GROSSLIBELLEN der Art *Anax junius* bei der Eiablage im Tandem. Das Männchen hält Ausschau nach Rivalen, während das Weibchen (rechts) die Eier an Wasserpflanzen ablegt. Nicht alle Großlibellen verhalten sich so; die Weibchen vieler Arten legen ihre Eier allein. Dazu landen sie auf der Wasseroberfläche und tauchen den Hinterleib immer wieder ein, um die Eier zu verteilen.

Gentlemen first

MÄNNLICHE LIBELLEN halten ihre Partnerin am Genick fest. Die Greifzangen am Ende ihres Hinterleibs haben exakt die richtige Größe, um eine Artgenossin zu packen. Das Paar fliegt oft zusammen umher, bevor es sich zur Paarung niederlässt (siehe Seite 242–243), ebenso nach der Paarung, wobei das Männchen das Weibchen zu einem für die Eiablage geeigneten Ort geleitet (siehe Seite 244).

Ei am Stiel

FLORFLIEGEN (FAMILIE CHRYSOPIDAE) legen ihre Eier an die Enden dünner Fäden aus schnell trocknendem Schleim. Bei der Eiablage tupft das Weibchen zunächst ein Tröpfchen Schleim auf den Untergrund und zieht dann durch Anheben des Hinterleibs daraus einen Faden. Der Schleim trocknet sofort, und das Ei wird an das freie Ende geheftet. Manche Arten legen die Eier einzeln, andere legen sie so dicht nebeneinander, dass ihre Fäden verschmelzen. Am Ende der zarten Fäden sind die Eier zumindest vor einigen Feinden sicher.

LEBENSRÄUME

Insekten haben so gut wie jeden Lebensraum auf der Erde besiedelt, von verschneiten Berggipfeln über glühend heiße Wüsten bis hin zu dampfenden Regenwäldern. Manche leben in einem bestimmten Revier, die meisten Insektenarten jedoch bewegen sich frei in ihrem Habitat und halten sich auf, wo immer ihnen die Umgebung zusagt. Nur wenige haben feste Wohnstätten. Blattminierer fressen als Jugendstadien vom Gewebe zwischen der oberen und unteren Blattwand und leben in den entstehenden Gängen (siehe Seite 252), die Imagines aber bewegen sich frei. Auch in den Gängen der Borkenkäfer (siehe Seite 253) leben nur die Jugendstadien. Junge Gallbildner leben in und von Gallen, Bildungen ihrer Wirtspflanzen, die aber von den Insekten hervorgerufen werden (siehe Seite 255). Keine der oben genannten Arten ist also ein Nestbauer im eigentlichen Sinne. Mistkäfer graben immerhin unterirdische Kammern und füllen sie mit einem Dungvorrat für ihre Jungen. Die Raupen etlicher Schmetterlinge, vor allem die der Prozessionsspinner (siehe Seite 250), spinnen sich Nester, in denen sie ruhen, wenn sie nicht fressen, und die sie als Imagines verlassen.

Pillen- und Lehmwespen, Blattschneiderbienen und viele andere solitär lebende Arten bauen dagegen echte Nester aus unterschiedlichsten Materialien. Sie sind sozusagen die Maurer und Schneider unter den Insekten, doch auch hier »wohnen« nur die Jugendstadien in den Unterkünften. Gleiches gilt für die eleganten tragbaren Gehäuse vieler Köcherfliegenlarven. Permanente Nester, in denen Imagines und Larven zusammenleben, legen nur die sozial lebenden Insekten an – Termiten, Ameisen und einige Bienen- und Wespenarten. Die größten Bauten errichten einige tropische Termitenarten, deren Nester bis zu zehn Millionen Individuen beherbergen. Die Bauten aus Lehm, Speichel und reichlich Kot der Insekten sind oft hart wie Beton und verfügen über effiziente »Klimaanlagen« – bemerkenswert, wenn man bedenkt, dass sie ohne Bauplan, nur aufgrund von Instinkten errichtet werden, von Baumeistern, die kaum mehr als einen Zentimeter lang und so gut wie blind sind!

Viele Ameisenarten errichten Nester aus zu Brei gekautem Holz, Lehm und manchmal aus Blättern (siehe Seite 260); das Nestinnere aber ist recht einfach strukturiert und besteht aus einzelnen Kammern für die Ameisen und ihre Nachkommen, nicht aus ausgefeilten Zellenkonstruktionen wie bei den sozialen Faltenwespen und Honigbienen. Deren sechseckige Wabenzellen (siehe Seite 270 und 279) sind äußerst präzise gebaut, ebenfalls ganz ohne Bauplan und fast immer im Dunkeln.

Gesellige Raupen

DIE RAUPEN DES PINIENPROZESSIONSSPINNERS *(Thaumetopoea pityocampa)* errichten in den Zweigen ihres Wirtsbaumes Wohngespinste. Oft nehmen die Raupen auf den bis zu fußballgroßen Nestern gemeinsam ein Sonnenbad. In ihnen überwintern sie auch.

Im Gänsemarsch

DIE RAUPEN DES PINIENPROZESSIONSSPINNERS verlassen am Abend ihr Nest, um Piniennadeln zu fressen. Auf der Suche nach frischer Nahrung wandern sie an den Zweigen stets Kopf an Hinterende hintereinander. Dieses Verhalten ist instinktiv, wie der französische Naturforscher Jean-Henri Fabre demonstrierte: Er brachte eine Raupenprozession dazu, auf dem Rand einer Schüssel zu laufen. Nachdem der Kreis der Raupen geschlossen war (überzählige Tiere hatte er umgeleitet), wanderten sie volle acht Tage im Kreis herum! Die Tiere hinterlassen auf ihren Wegen Seidenfäden, an denen entlang sie nach dem Fressen ins Nest zurückfinden – wiederum im Gänsemarsch.

Beengte Verhältnisse

ZWISCHEN DER OBER- UND DER UNTERSEITE eines Blattes ist nicht viel Platz, doch die dazwischenliegenden Gewebe sind nährstoffreich und bieten daher vielen Falterraupen, Maden, Käfern und Fliegen Nahrung und Lebensraum. Diese »Blattminierer« fressen gewundene, von außen meist deutlich erkennbare Gänge und Kammern ins Blatt (hier ein Rosenblatt). Diese »Minen« sind anfangs schmal und werden immer breiter, je mehr das Insekt an Größe zunimmt. Der schwarze Punkt am Ende ist die Öffnung, durch die das adulte Tier geschlüpft ist.

Typische Fraßmuster

DIESE STRAHLENFÖRMIGEN GÄNGE in einem Stück Ulmenrinde sind das Werk des gefürchteten Großen Ulmensplintkäfers *(Scolytus scolytus)*, Überträger der Ulmenkrankheit. Den vertikalen Gang höhlt das befruchtete Weibchen direkt unter der Rinde aus und legt in regelmäßigen Abständen links und rechts seine Eier ab. Die Larven fressen dann vom »Muttergang« aus fast waagerechte Gänge und erzeugen so typische Fraßmuster. Mit zunehmender Entfernung vom Muttergang werden die Larvengänge immer breiter. In großen Massen können die Insekten die Rinde vollständig ablösen; ihre Gänge sind dann auf herabgefallener Rinde und den nackten Stämmen sichtbar.

Lebende Weberschiffchen

WEBERAMEISEN BAUEN NESTER, indem sie lebende Blätter zu Beuteln zusammenkleben, in denen oft mehrere hundert Ameisen leben. Mit ihren Kiefern und Beinen halten einige der Insekten die Blätter zusammen; andere Ameisen tragen Larven zwischen ihren Kiefern (Bild) und führen diese im Zickzack an den Blatträndern entlang. Die Larven scheiden klebrige Spinnfäden aus, die die Ränder zusammenhalten. Manche Nester sind fußballgroß, aber dennoch kaum zu entdecken, weil die Blätter weiterleben und daher mit dem übrigen Laub verschmelzen.

Kost und Logis

DIE GALLWESPE *Andricus viscosus* verursacht an Eicheln recht komplizierte Gallen. Wie alle Gallen bieten diese dem Gallbildner (in diesem Fall aus der Familie Cynipidae) Schutz und Nahrung. Das Insekt wächst in einer Kammer im Inneren der Galle heran, deren klebrige Hülle verhindert, dass Parasiten ihre Eier hineinlegen. Pflanzengallen entstehen, wenn ein Insekt oder ein anderer Organismus in die Pflanze eindringt und deren Zellen zu abnormem Wachstum anregt. Gallen bestehen also allein aus Pflanzengewebe, doch die Form der Galle hängt vom Gallbildner ab; selbst nahe verwandte Insekten erzeugen oft völlig unterschiedliche Gallen.

Tür zu!

DIE GEMEINE SANDWESPE *(Ammophila sabulosa)* ist eine geschickte Tiefbauerin. Das Weibchen gräbt mit den Mundwerkzeugen und den behaarten Vorderbeinen – nicht selten binnen ein oder zwei Stunden – eine Höhle. Dann nimmt es mit den Kiefern Maß und sucht sich ein passendes Steinchen, um es in den Höhleneingang zu klemmen. Nun macht es sich auf die Suche nach einer Raupe. Nachdem es seine Beute zur Höhle geflogen oder geschleppt hat, öffnet es diese, zieht die Raupe ins Innere (siehe Seite 128–129), legt ein Ei hinein und verschließt die Höhle fest. Dazu schiebt es den Stein oft weit in die Öffnung und häuft Sand darüber.

In die Tiefe

EIN SANDWESPENWEIBCHEN der Art *Bembix americana* gräbt energisch eine Bruthöhle in den sandigen Grund. Seine mit starren Borsten besetzten Vorderbeine sind ideal, um den Sand »herauszufegen«. In den fertigen Bau, der meist nur eine Kammer enthält, schafft es gelähmte Fliegen, die seinem Nachwuchs als Nahrung dienen. Jede Höhle beherbergt normalerweise nur eine Wespenlarve, doch gräbt das Weibchen oft mehrere Höhlen dicht beieinander.

Maurer …

DIESE GRABWESPE der Art *Chalybion californicum* sammelt Lehm für ihr Nest, rollt ihn zu einer Kugel und trägt ihn mit den Kiefern heim. Sie baut ihr Nest an Felsen und Mauern, ja sogar an Zimmerdecken. Es enthält mehrere röhrenförmige Zellen, in die sie gelähmte Spinnen schafft. Sind alle Zellen belegt und mit Eiern versehen, verschließt sie das Nest, das dann aussieht wie ein an die Wand geworfener Klumpen Erde.

… und Töpfer

DIE EUROPÄISCHE PILLENWESPE *Eumenes coarctatus* ist eine wahre Künstlerin. Mit ihren Mundwerkzeugen und Vorderbeinen modelliert sie »Krüge« aus Lehm und Sand; ist das Material zu trocken, mischt sie Wasser dazu. Wenn das Nest fertig ist, streckt die Wespe ihren Hinterleib hinein und legt ein Ei direkt hinter dem Eingang an die Decke. Dann bestückt sie das Gefäß mit gelähmten Raupen. Ist es voll, verschließt sie es mit einem Lehmklumpen und beginnt mit einem anderen Nest. Oft baut sie mehrere dicht nebeneinander an Felsen und Baumstämmen, aber auch in niedrig wachsenden Pflanzen.

Maßarbeit

BLATTSCHNEIDERBIENEN (Gattung *Megachile*) nisten in engen Hohlräumen, in die sie aus ovalen und runden Blattstückchen mehrere röhrenförmige Zellen bauen. Mit ihren kräftigen, scharfkantigen Kiefern schneiden die Bienen die Blattstückchen heraus; für ein perfektes Oval mit 10–15 mm Durchmesser brauchen sie nicht einmal fünf Sekunden. Die aufgerollten Stücke tragen sie unter dem Körper zum Nest (im Bild eine Biene, die in ihr Nest in einem Rohrstock zurückkehrt). Blattschneiderbienen bedienen sich an Rosen und Fliederbüschen im Garten …

… und fügen die herausgeschnittenen Blattstücke im Nest fein säuberlich zu Zellen zusammen. Mit ihren Kiefern zerkauen sie die Ränder und drücken sie zusammen, so dass der Blattsaft sie verklebt. Fertige Zellen werden mit Pollen und Nektar gefüllt; dann legt die Biene ein Ei auf den angefeuchteten Pollen. Sie verschließt jede Zelle mit mehreren runden Blattstücken. Ein Nest umfasst bis zu zehn Zellen aus je etwa 30 Blattfragmenten. Die fertigen Zellen (diese hier wurden aus der Bruthöhle entnommen) erinnern an kurze Zigarren.

Sklavenarbeit

DIESE AMEISEN HABEN DAS NEST EINER ANDEREN AMEISENART ÜBERFALLEN und tragen deren Puppen ins eigene Nest. Die daraus schlüpfenden Imagines dienen in ihrer neuen Kolonie als »Haussklaven«. Doch obwohl man diese Tiere oft »Sklaven« nennt, führen sie kein schlechtes Leben. Zwar gehen sie offenbar nicht auf Futtersuche hinaus, doch leben sie ansonsten genauso, wie sie es im eigenen Nest täten – sie arbeiten nur für andere Herrinnen. Ameisen auf Sklavenraubzug versprühen im überfallenen Nest oft Alarmstoffe, so dass dessen Bewohnerinnen auseinanderstieben und die Räuber das Nest plündern können.

Lebender Schutzwall

WENN SÜDAMERIKANISCHE TREIBERAMEISEN Nachwuchs aufziehen, finden sie an einer Stelle oft nicht genügend Nahrung für mehrere Tage, daher ziehen sie jeden Abend weiter. Natürlich können sie nicht täglich ein neues Nest bauen, und so halten Tausende Arbeiterinnen einander an den Beinen fest und umgeben als dicke Schicht den Rest des Staates, auch Königin und Larven. Solche temporären Nester nennt man Biwaks (siehe Seite 121).

Hoch hinaus

DIESER TERMITENHÜGEL IN TANSANIA ist mehrere Meter hoch und wiegt mehrere Tonnen. In seinem Inneren und im Boden darunter leben Tausende, vielleicht Millionen Insekten. Der Hügel wurde aus ausgegrabener, mit Speichel und Exkrementen vermischter Erde errichtet und ist außen hart wie Beton. Innen ist er von zahllosen Gängen und Kammern durchzogen, in denen die Termiten ihre Larven aufziehen und Nahrung speichern. Manche Arten züchten, ähnlich wie die Blattschneiderameisen, in ihren Nestern sogar Pilze.

Klimaanlage

IN EINEM TERMITENHÜGEL kann die Luft sehr heiß und angesichts Millionen atmender Termiten und womöglich zahlreicher Pilzgärten auch verbraucht sein. Dieses Problem lösen die Tiere mit effektiven Belüftungssystemen: Warme Luft steigt aus den Aufzuchtbereichen und Pilzkammern durch bestimmte Gänge auf und wird dabei an den Außenwänden vorbeigeleitet. Diese sind zwar hart, aber porös; Kohlendioxid kann austreten, Sauerstoff dringt ein. Die Luft kühlt hier außerdem ab und strömt durch andere Gangsysteme in die Mitte des Nests zurück.

Exakt ausgerichtet

DIE NESTER DER NORDAUSTRALISCHEN KOMPASSTERMITEN *(Amitermes meridionalis)* erinnern an große Grabsteine. Sie verlaufen stets exakt in Nord-Süd-Richtung, wie Kompassnadeln. Mit Hilfe von um das Nest gesetzten Magneten konnte man nachweisen, dass die Insekten tatsächlich das Erdmagnetfeld wahrnehmen und entsprechend bauen. Die Morgensonne trifft auf die Ostwand des Nestes und wärmt es auf, die Mittagssonne dagegen scheint nur auf die schmale Nordseite und den First, so dass das Nest nicht überhitzt. Die Hügel sind oft mehr als 4 m hoch und 3 m breit, aber im Inneren weniger komplex strukturiert als die Hügel anderer Termitenarten.

Rechts: Isolationsschicht

DIE AUSSENHÜLLE DES NESTES DER GEMEINEN WESPE *(Vespula vulgaris)* besteht aus muschelförmigen Papierlagen, die das Nest umgeben. Die Luftschichten zwischen den Lagen isolieren das Nest gegen äußere Temperaturschwankungen. Nester in exponierter Lage haben meist eine dickere Außenhülle als solche an geschützten Orten. Die farbigen Streifen in den Papiermuscheln entsprechen einer Ladung Holzbrei, eingearbeitet von einer einzelnen Wespe.

Gut beschirmt

SOLCHE PAGODENÄHNLICHEN HÜGEL werden von Termiten der Gattung *Cubitermes* errichtet, die im afrikanischen Regenwald leben. Die überlappenden Dächer schützen den eigentlichen Bau vor heftigen Regengüssen, halten aber nicht lange und müssen regelmäßig repariert werden. Verwandte Termitenarten bauen pilzförmige Hügel mit nur einem Dach. In trockeneren Regionen findet man derlei Bauten nicht.

Optimale Raumnutzung

DIE SOZIALEN FALTENWESPEN (Vespidae) bauen Nester aus Papier, das sie aus mit Speichel zu Brei zerkautem Holz herstellen. Im Nestinneren legen die Arbeiterinnen sechseckige Wabenzellen aus Papier an, in denen sie die Larven aufziehen. Die hexagonale Form bietet die effizienteste Nutzung von Raum und Material, denn benachbarte Zellen haben gemeinsame Wände, so dass kein Raum verschwendet wird. Mit ihren Fühlern überprüfen die Wespen Größe und Form der Waben.

Schutz vor Ameisen

VIELE TROPISCHE WESPENARTEN wie diese südamerikanische Spezies bauen kleine, gestielte Nester an Zweigen oder Blättern. Der Stiel verleiht einen gewissen Schutz vor plündernden Ameisen; zusätzlich tragen manche Wespen noch »Repellents« auf, Substanzen, die Ameisen abschrecken sollen.

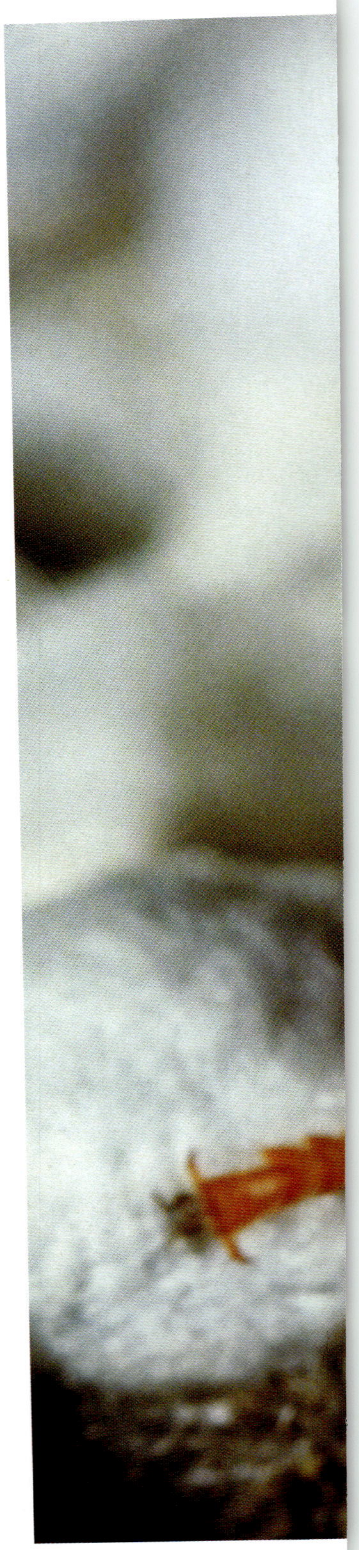

Aus dem Leben einer Wespe

WESPEN DER GATTUNG *POLISTES* (Feldwespen) errichten einfache Nester ohne Außenhülle und mit nur einer Lage Waben. Zunächst baut die Königin die ersten Waben und legt in jede ein Ei. Wie bei allen sozialen Faltenwespen zieht sie die ersten Larven selbst auf und füttert sie mit Insektenbrei und anderem tierischem Material. Verpuppungsreife Larven verschließen ihre Waben mit einem Deckel aus Seide ...

… und vier bis sechs Wochen nach der Eiablage schlüpfen die adulten Wespen. Sie beißen den Deckel ihrer Wabenzelle auf und zwängen sich hinaus (Bild). Die meisten frisch geschlüpften Wespen sind Arbeiterinnen; sie säubern sogleich ihre Zelle, damit die Königin ein weiteres Ei hineinlegen kann. Die Arbeiterinnen erweitern auch das Nest und sammeln Futter für die nächste Larvengeneration. Die Wespen sind hier zwar mit dem Kopf nach oben abgebildet, doch tatsächlich hängen die Waben kopfüber; andernfalls würde Regenwasser hineinlaufen.

Architektonisches Meisterwerk

DURCH DIE TEILWEISE ENTFERNTE AUSSENHÜLLE kann man die innere Struktur dieses Wespennestes erkennen, z.B. die horizontalen Wabenschichten. In einigen Zellen sind Larven zu sehen, andere sind bereits verdeckelt und enthalten Puppen. Kräftige Stiele aus »Pappmaché« verankern das Nest fest an der Decke des Gartenschuppens. Das Nest ist noch nicht alt; wäre es unbeschädigt, würden die Wespen noch zahlreiche Waben anbauen. Ein voll entwickeltes, fußballgroßes Nest der Gemeinen Wespe enthält nicht selten bis zu 10 000 Zellen in acht und mehr Lagen und bringt in einem Sommer – nacheinander, nicht gleichzeitig – bis zu 25 000 Wespen hervor.

Hochhaus

DIESES NEST EINER SÜDAMERIKANISCHEN WESPE der Gattung *Parachartergus* besteht aus mehreren, um einen dünnen Zweig gebauten Waben aus zartem Papier. Die papierne Außenhülle (für das Foto teilweise entfernt) ist oberhalb und unterhalb der Waben mit dem Zweig verbunden, nicht jedoch mit den Waben; die Wespen bewegen sich also frei im Nest. Die Außenhülle bietet Schutz vor Ameisen und anderen Feinden. Der Eingang befindet sich am unteren Ende des Nestes.

Süßer Vorrat

WILDE UND VERWILDERTE HONIGBIENEN nisten meist in Baumhöhlen oder anderen Hohlräumen; in warmen Klimaten aber bauen sie gelegentlich auch im Freien. Das hier abgebildete Nest besteht aus sechs großen, vertikalen Waben, die an einem Ast befestigt sind. Im unteren Teil drängen sich die Bienen, um das Nest warm zu halten. Jede Wabe enthält Hunderte sechseckiger Zellen, die Wand an Wand gebaut sind und nicht nur Pollen- und Honigvorräte enthalten, sondern auch Jungbienen. Der deutsche Biologe Karl von Frisch fand heraus, das eine 37 x 22,5 cm große Wabe über 2 kg Honig aufnehmen kann, obwohl sie selbst nur etwa 40 g wiegt.

Ein Staat zieht um

WIRD EIN BIENENSTAAT ZU GROSS, schart die alte Königin mehrere tausend Arbeiterinnen – etwa die Hälfte der ursprünglichen Population – um sich. Der Schwarm lässt sich meist in einem Baum oder Busch nieder (Bild) und verweilt dort einige Tage, während Kundschafterinnen nach einer neuen Bleibe suchen. Werden sie fündig, kehren sie zum Schwarm zurück und »tanzen« auf ihm; so teilen sie den anderen Richtung und Entfernung der neuen Unterkunft mit. Einige Arbeiterinnen machen sich dann dorthin auf. Kehren genügend zurück und weisen denselben Weg, begibt sich der ganze Schwarm an die Stelle, und die Arbeiterinnen errichten neue Waben.

Geschäftiges Treiben

DIESE HONIGBIENEN-ARBEITERINNEN sind eifrig damit beschäftigt, die sechseckigen Wabenzellen mit Honig zu füllen und mit Wachsdeckeln zu verschließen. Waben bestehen ganz aus Wachs, das die Bienen aus Drüsen ausscheiden. Der Honig dient den Bienen als Vorrat für kühle oder regnerische Tage, an denen sie nicht ausfliegen.

REGISTER

Kursive Zahlen beziehen sich auf Bildlegenden.

W

X, Z

BILDNACHWEIS

Der Verlag der englischen Originalausgabe, Cassell Illustrated, dankt allen nachfolgend aufgeführten Personen und Institutionen für die Erlaubnis, die Bilder in diesem Band zu veröffentlichen, insbesondere der Science Photo Library (SPL).

a = oben, b = Mitte oben, c = Mitte unten, d = unten, l = links, r = rechts.

Schutzumschlag-Vorderseite: SPL/Scott Camazine; Schutzumschlag-Rückseite (von links nach rechts): SPL/Scott Camazine, USDA, NHPA/Anthony Bannister

2–3 SPL/Kenneth H. Thomas; 4–5 Michael Chinery; 6–7 SPL/Sinclair Stammers; 8–9 SPL/John Mitchell; 10 NHPA/George Bernard; 11, 12 alle Michael Chinery; 13a und b Alamy/blickwinkel; 13c NHPA/Stephen Dalton; 13d, 14a Michael Chinery; 14b NHPA/Anthony Bannister; 14c und d NHPA/Stephen Dalton; 15a NHPA/Guy Edwardes; 15b, c und d Michael Chinery; 16a NHPA/Image Quest 3-D; 16b, c und d, 17 alle Michael Chinery; 18–19 SPL/Eye of Science; 20 SPL/David Scharf; 21 SPL/Eye of Science; 22 SPL/Steve Gschmeissner; 23 SPL; 24 SPL/Claude Nuridsany und Marie Perennou; 25 SPL/John Walsh; 26 SPL/Claude Nuridsany und Marie Perennou 27 SPL/Andrew Syred; 28, 29 SPL/Steve Gschmeissner; 30 SPL/Edward Kinsman; 31 Michael Chinery; 32–33 SPL/Andrew Syred; 34 SPL/Darwin Dale; 35 SPL/Claude Nuridsany und Marie Perennou; 36, 37 SPL/Steve Gschmeissner; 38, 39 SPL/Andrew Syred; 40 SPL/Eye of Science; 41 SPL/Susumu Nishinaga; 42 SPL/Steve Gschmeissner; 43 SPL/Dr. Jeremy Burgess; 44 SPL/Eye of Science; 45 SPL/Susumu Nishinaga; 46, 47 SPL/Steve Gschmeissner; 48 SPL/Andrew Syred; 49 SPL/Eye of Science; 50, 51 Michael Chinery; 52 SPL/Eye of Science; 53 SPL/Andrew Syred; 54 SPL/Dr. Jeremy Burgess; 55 SPL/Andrew Syred; 56, 57 SPL/Susumu Nishinaga; 58 SPL/Alfred Pasieka; 59 SPL/Eye of Science; 60 SPL/Susumu Nishinaga; 61 SPL/Manfred Kage; 62 SPL/Microfield Scientific Ltd.; 63 SPL/Claude Nuridsany und Marie Perennou; 64 SPL/E. R. Degginger; 65 Michael Chinery; 66–67 SPL/Dr. John Brackenbury; 68 SPL/David Aubrey; 69 SPL/Thomas R. Taylor; 70 Michael und Patricia Fogden; 71 SPL/Valerie Giles; 72, 73, 74, 75 SPL/Claude Nuridsany und Marie Perennou; 76, 77 SPL/Dr. John Brackenbury; 78–79 SPL/Kazuyoshi Nomachi; 80 SPL/Claude Nuridsany und Marie Perennou; 81 SPL/Andrew Syred; 82 SPL/Dr. John Brackenbury; 83 SPL/Andrew Syred; 84 SPL/Edward Kinsman; 85 SPL/Dr. John Brackenbury; 86 SPL/Claude Nuridsany und Marie Perennou; 87 Michael Chinery; 88 SPL/Dr. John Brackenbury; 89 SPL/Andrew Syred; 90 SPL/Ian Cuming; 91 SPL/Dr. John Brackenbury; 92–93 NHPA/James Carmichael jun.; 94–95 SPL/Gregory Dimijian; 96, 97 SPL/Dr. Jeremy Burgess; 98 SPL/Claude Nuridsany und Marie Perennou; 99 Michael Chinery; 100, 101, 102 SPL/Claude Nuridsany und Marie Perennou; 103 SPL/Gary Meszaros; 104 SPL/Scott Camazine; 105 SPL/Peter Chadwick; 106 SPL/Kenneth H Thomas; 107 SPL/Claude Nuridsany und Marie Perennou; 108 SPL/J. C. Revy; 109 SPL/Claude Nuridsany und Marie Perennou; 110 SPL/Steve Gschmeissner; 111 SPL/Sinclair Stammers; 112 Michael und Patricia Fogden; 113 SPL/Brian Brake; 114 Michael Chinery; 115 SPL/Biomedical Imaging Unit, Southampton General Hospital; 116 SPL/Dr. Morley Read; 117 SPL/William Ervin; 118 SPL/Jacana/Jean-Philippe Varin; 119 SPL/Gregory Dimijian; 120 SPL/Dr. Morley Read; 121 SPL/George Bernard; 122, 123 SPL/Sinclair Stammers; 124 SPL/Claude Nuridsany und Marie Perennou; 125 SPL/Andrew Syred; 126 SPL/Claude Nuridsany und Marie Perennou; 127 SPL/Alfred Pasieka; 128–129 Roger Key; 130 Michael Chinery; 131 SPL/Sinclair Stammers; 132 Michael Chinery; 133 Michael und Patricia Fogden; 134, 135 Michael Chinery; 136 SPL/Kenneth H. Thomas; 137 SPL/Vaughan Fleming; 138–139 SPL/Jeff Lepore; 140–141 SPL/Dr. George Beccaloni; 142 Michael Chinery; 143 SPL/David M. Schleser/Nature's Images; 144 Michael Chinery; 145 SPL/Nature's Images; 146, 147, 148–149, 150 Michael Chinery; 151 Michael und Patricia Fogden; 152 SPL/Bob Gibbons; 153 NHPA/Stephen Dalton; 154, 155, 156, 157 Michael Chinery; 158 SPL/ Claude Nuridsany und Marie Perennou; 159 SPL/William Ervin; 160 SPL/Sinclair Stammers; 161 SPL/Nature's Images/David Schleser; 162 SPL/Stuart Wilson; 163 SPL/Dr. Morley Read; 164 SPL /Kinsman Physics Productions/Ted Kinsman; 165 SPL/Richard R. Hansen; 166–167 SPL/Agstock/Ed Young; 168 SPL/Claude Nuridsany und Marie Perennou; 169, 170 Michael Chinery; 171 SPL/Scott Camazine; 172, 173 SPL/Art Wolfe; 174 SPL/Leslie J. Borg; 175 SPL/Sinclair Stammers; 176 SPL/Dr. John Brackenbury; 177 SPL/Gregory Dimijian; 178 SPL/Tony Wood; 179 SPL/Valerie Giles; 180 SPL/Scott Camazine; 181 SPL/Nature's Images/David Schleser; 182 SPL/Dr. Morley Read; 183 SPL/Stuart Wilson; 184, 185 Michael Chinery; 186 SPL/Claude Nuridsany und Marie Perennou; 187, 188 SPL/Dr. Morley Read; 189 SPL/Dr. George Beccaloni; 190 Michael Chinery; 191 SPL/Scott Camazine; 192, 193, 194 Michael Chinery; 195 SPL/Dr. George Beccaloni; 196–197 Michael Chinery; 198, 199 SPL/Dr. Jeremy Burgess; 200, 201 SPL/Harry Rogers; 202 SPL/Dr. Morley Read; 203 SPL/Gregory Dimijian; 204 Michael Chinery; 205 SPL/Ray Coleman; 206 Michael Chinery; 207 SPL/George Bernard; 208, 209 alle SPL/Andy Harmer; 210 SPL/Michael P Gadomski; 211 l und r SPL/Scott Camazine; 212 l und r SPL/Jim Zipp; 213 SPL/John Mitchell; 214 SPL/Edward

Kinsman; 215 SPL/Dr. Morley Read; 216, 217 alle SPL/Claude Nuridsany und Marie Perennou; 218, 219 SPL/Scott Camazine; 220 SPL/Nature's Images; 221 SPL/Sinclair Stammers; 222 SPL/Steve Percival; 223 SL/Sinclair Stammers; 224 SPL/ Hans Pfletschinger, Peter Arnold Inc.; 225 SPL/Keith Kent; 226 SPL/Darwin Dale; 227 SPL/Fletcher & Baylis; 228 Michael Chinery; 229 SPL/Valerie Giles; 230 Michael Chinery; 231 Alamy/Dennis Kunkel; 232 SPL/Tony Wood; 233 Michael Chinery; 234–235 SPL/Gary Retherford; 236 SPL/Dr. Jeremy Burgess; 237, 238 SPL/Claude Nuridsany und Marie Perennou; 239 SPL/J. C. Revy; 240, 241 Michael Chinery; 242–243 SPL/Leslie J. Borg; 244 SPL/John Bova; 245 SPL/John Mitchell; 246 Alamy/Thomas Shjarback; 247 NHPA/Anthony Bannister; 248–249 SPL/J. C. Teyssier, Publiphoto Diffusion; 250, 251 Michael Chinery; 252 SPL/Geoff Kidd; 253 Michael Chinery; 254 Alamy/Premaphotos; 255 Michael Chinery; 256 Roger Key; 257 SPL/Larry West; 258 SPL/Kenneth H. Thomas; 259 Michael Chinery; 260 Geoff Nobes; 261 SPL/Dr. Jeremy Burgess; 262, 263 SPL/Gregory Dimijian; 264, 265 SPL/Andrew Clarke; 266–267 SPL/Wayne Lawler; 268, 269 Michael Chinery; 270 SPL/Dr. Jeremy Burgess; 271 SPL/Dr. Morley Read; 272, 273 SPL/Claude Nuridsany und Marie Perennou; 274 Michael Chinery; 275 SPL/Pascal Goetgheluck; 276–277 NHPA/John Jeffery; 278 SPL/Sinclair Stammers; 279 SPL/Simon Fraser; 287 Michael Chinery; 288 Michael Chinery.

Bibliografische Information der Deutschen Nationalbibliothek
Die Deutsche Nationalbibliothek verzeichnet diese Publikation in der Deutschen Nationalbibliografie; detaillierte bibliografische Daten sind im Internet über *http://dnb.d-nb.de* abrufbar.

Die Originalausgabe erschien 2007 unter dem Titel *Insects* bei Cassell Illustrated, einem Imprint der Octopus Publishing Group Ltd, London (zur Hachette Livre UK Company gehörig).

Mit Dank an
Jonny Kennedy von der Science Photo Library
sowie Susan Fogden, Geoff Nobes und Roger Key

Außenlektorat: Susanne Warmuth
Satz: typocepta, Köln
Printed and bound in China

ISBN 978-3-8369-2977-6

www.gerstenberg-verlag.de

In Kooperation mit
natur+kosmos
das Magazin für Natur, Umwelt, nachhaltiges Leben